信息科学与技术丛书

私有云存储系统搭建与应用

汪永松 编著

机械工业出版社

本书主要内容大致分为四个部分：第一部分（第 1~3 章）介绍 Swift 存储系统，第二部分（第 4、5 章）介绍如何搭建基于 Swift 的私有化存储系统，第三部分（第 6、7 章）分析企业应用与存储系统的集成方案，第四部分（第 8 章）介绍应用集成的实例。

本书的知识体系涵盖了 Linux、对象存储、虚拟化、Java、HTTP 通信、Web 等技术。这些技术所涉及的业务范围主要分为两块：存储系统的运维以及存储系统与应用的集成。即本书的技术方向是企业在数据存储方面的基础设施建设，以及在此基础上实现企业应用与存储系统的集成。

本书适合有一定架构设计经验的架构师或项目经理（系统搭建及集成方案）阅读，也适合中高级 Java 程序员（API 的实现及应用集成）学习参考。

书中代码可免费下载（扫描封底二维码）。

图书在版编目（CIP）数据

私有云存储系统搭建与应用 / 汪永松编著 . —北京：机械工业出版社，2020.9（2025.1 重印）

（信息科学与技术丛书）

ISBN 978-7-111-66260-0

Ⅰ. ①私… Ⅱ. ①汪… Ⅲ. ①计算机网络-信息存储-研究 Ⅳ. ①TP393.071

中国版本图书馆 CIP 数据核字（2020）第 140533 号

机械工业出版社（北京市百万庄大街 22 号　邮政编码 100037）

策划编辑：车　忱　　责任编辑：车　忱
责任校对：张艳霞　　责任印制：郜　敏

中煤（北京）印务有限公司印刷

2025 年 1 月·第 1 版第 4 次印刷

184mm×260mm·16.5 印张·404 千字

标准书号：ISBN 978-7-111-66260-0

定价：89.00 元

电话服务　　　　　　　　　　网络服务

客服电话：010-88361066　　机 工 官 网：www.cmpbook.com

　　　　　010-88379833　　机 工 官 博：weibo.com/cmp1952

　　　　　010-68326294　　金 书 网：www.golden-book.com

封底无防伪标均为盗版　　机工教育服务网：www.cmpedu.com

出 版 说 明

随着信息科学与技术的迅速发展，人类每时每刻都会面对层出不穷的新技术和新概念。毫无疑问，在节奏越来越快的工作和生活中，人们需要通过阅读和学习大量信息丰富、具备实践指导意义的图书来获取新知识和新技能，从而不断提高自身素质，紧跟信息化时代发展的步伐。

众所周知，在计算机硬件方面，高性价比的解决方案和新型技术的应用一直备受青睐；在软件技术方面，随着计算机软件的规模和复杂性与日俱增，软件技术不断地受到挑战，人们一直在为寻求更先进的软件技术而奋斗不止。目前，计算机和互联网在社会生活中日益普及，掌握计算机网络技术和理论已成为大众的文化需求。由于信息科学与技术在电工、电子、通信、工业控制、智能建筑、工业产品设计与制造等专业领域中已经得到充分、广泛的应用，所以这些专业领域中的研究人员和工程技术人员越来越迫切需要汲取自身领域信息化所带来的新理念和新方法。

针对人们了解和掌握新知识、新技能的热切期待，以及由此促成的人们对语言简洁、内容充实、融合实践经验的图书迫切需要的现状，机械工业出版社适时推出了"信息科学与技术丛书"。这套丛书涉及计算机软件、硬件、网络和工程应用等内容，注重理论与实践的结合，内容实用、层次分明、语言流畅，是信息科学与技术领域专业人员不可或缺的参考书。

目前，信息科学与技术的发展可谓一日千里，机械工业出版社欢迎从事信息技术方面工作的科研人员、工程技术人员积极参与我们的工作，为推进我国的信息化建设做出贡献。

机械工业出版社

前　　言

用过阿里云 OSS 或亚马逊 S3 的读者可能都想过这样的问题：能不能在企业内部拥有一套这样的存储系统啊？

扁平化（没有目录结构）、速度快、空间无限、支持并发（分片）、权限控制……这些商业化的云存储服务在用户的脑海中烙下了难以抹去的印记。等到用户回头再看自己企业内部的存储方式/系统：五花八门、无法扩展、设备老化……难免让人感到有天壤之别。

所以本书的第一个主题就是搭建私有化的对象存储系统，且该系统支持集群结构和横向扩展，可实现高可用等。通过调研，本书锁定了 OpenStack Swift 项目，并成功地搭建了基于 Swift 的、属于"自己"的对象存储系统。

在解决了存储基础设施的"硬伤"之后，接着就是如何将应用与新建的存储系统进行集成的问题。本书的第二个主题是分析企业应用与对象存储系统的集成方案，并予以实现。最终，本书通过"两头凑"的方式完成了第二个主题：存储系统端从存储 API 的标准着手，而应用端则从数据存取的场景着手，从而实现存储 API 与应用场景的匹配。

简而言之，本书从企业在数据存储方面的短板切入，在改善了短板的基础上，继续推进应用与存储系统的集成，从整体上提升企业的信息化水平。

本书特色

本书在内容编排方面具有以下三个特点。

第一，繁简合理，高低兼顾。考虑不同读者的从业经验和技能层次，本书有意识地将内容按照"模块化"进行编排，先将常规操作或专题操作与主题内容进行剥离，再根据内容的难易程度进行适当的衔接或引用。这样既能让有相关基础知识的读者紧跟主线而不觉得啰嗦，又可以保证初学者从相关章节了解主线中要点的细节。

第二，实机操作，实例引导。本书中对于对象存储系统的搭建以及存储系统与企业应用的集成，都是依据真实案例提取，从而保证操作的有效性，而不至于误导读者。

第三，结构合理，循循善诱。本书内容的编排遵循"由表及里、由浅入深，先理论、后实践"的思路。从系统的特点到结构，从系统的介绍到搭建，从操作指引到机制解释，从方案分析到场景实现，循序渐进地引导读者了解 Swift 存储系统，为搭建自己的存储系统做好铺垫；让读者不仅了解实践过程，而且能够理解其中的思路和原理。

本书内容

第 1 章从存储系统相关的演进切入，旨在让读者了解存储系统的演变过程，同时反思演变的原因和趋势，从而引出软件定义存储、对象存储等概念。第 2 章全面介绍 Swift 项目，包括其重要特征和概念，强化读者对对象存储的印象。第 3 章从结构的层面介绍 Swift 系统的组成和应用方式，不仅让读者对 Swift 系统加深理解，还为后续的系统搭建做好铺垫。第 4 章是本书的核心，详细介绍了如何搭建基于 Swift 的对象存储系统。操作涉及两种环境：宿主机和虚拟机。目标系统有两种规格：单机环境和多机环境（集群）。第 5 章则是基于所搭建的存储系统，从运维的视角进行扩展，包括纵向扩展和横向扩展。其中横向扩展为存储系统的可用性提供保证，让整个系统具备企业级服务的能力。第 6 章到第 8 章主要关注存储系统与应用的集成。第 6 章对应用与存储系统的集成点进行了全面分析，提出了集成方案。第 7 章则是依据 Swift 的存储 API 框架，实现了"账户/容器/对象"层级的客户端工具 API。这些 API 是应用集成的先决条件。第 8 章则是依据集成方案，借助客户端工具 API 实现各种数据存取的应用场景。从第 9 章到第 12 章是核心章节（第 4 章、第 5 章）中相关操作或知识的专题。其中第 9 章是对基于 KVM 的虚拟机管理的介绍。第 10 章是对虚拟机的扩展，特别是存储空间扩展的介绍。第 11 章是对 Swift 建环工具和 Swift 客户端工具的使用详解。第 12 章是对书中（包括第 9 章和第 10 章）重要命令的详解。

因作者水平有限，书中不免存在疏漏之处，欢迎大家批评指正。

目　　录

第1章 存储系统的演进之路

1.1 极具年代感的存储系统

存储介质的演进极具年代感：机械硬盘（温盘，1973 年）、磁带（20 世纪 80 年代）、软盘（3.5in，1987 年）、光盘（CD-ROM，20 世纪 80 年代；DVD，20 世纪 90 年代）、U 盘（2002 年）、固态硬盘（SSD，2006 年）……

不仅如此，存储介质所依赖的文件系统也是不断地推陈出新：FAT（1980 年）、NFS（1985 年）、EXT（1992 年）、FAT32（1998 年）、NTFS（2000 年）、XFS（2001 年）、EXT4（2006 年）、HDFS（2008 年）……

与此同时，伴随着网络技术（20 世纪 90 年代中期）、虚拟化技术（2006 年）和云技术（2011 年）的飞速发展，存储的方式也从传统的服务器存储发展到网络存储（20 世纪 90 年代），以及后来的云存储（2010 年）、对象存储（2013 年）⊖……

看似默默无闻的存储系统，竟然有着这么多的演变。

这一切，都不禁让人好奇：存储系统为什么会变？以后还会怎么变？

1.2 存储系统的演进历程

从看得见摸得着的硬盘，到看不见摸不着的各种云存储，在这之间到底发生了什么样的变化？又为什么会有这样的演变呢？

1.2.1 节点能力的提升：从磁盘到磁盘阵列

磁盘阵列（RAID）是存储设备在设备层面的提升，其出现主要为了满足数据存储的完整性和扩展性。对于完整性，主要通过冗余校验机制来保证数据的完整性（其代价就是需要牺牲额外的磁盘空间）；而对于扩展性，则完全依赖硬件特性（插槽和热插拔技术）来增加新的存储设备（磁盘）。

单/多磁盘系统到磁盘阵列的演变不是结构上的，而是节点上的。所以，磁盘阵列提

⊖ 按产品/技术在国内普及的时间点，并非产品/技术的问世时间点。

高了整个存储系统在节点上的性能。而从系统的层面，还是需要从优化结构着手，构造分布式存储系统。这也是存储系统网络化的推动力。

1.2.2　存储与服务器剥离：存储网络化

对于网络存储技术，业内提得较多的有直连式存储（Direct-Attached Storage，DAS）、网络接入存储（Network-Attached Storage，NAS）和存储区域网络（Storage Area Network，SAN）。

实际上，DAS 是依据连接方式划分的，而 NAS 和 SAN 是依据网络传输协议来划分的。

DAS 的直连是指存储设备（单磁盘或阵列）通过接口（接口的演变顺序：IDE→SATA→SCSI）直接连接到服务器上的接入方式。

NAS 和 SAN 的网络化程度比 DAS 更明显：NAS 是将存储设备通过标准的网络拓扑结构连接到计算机网络中，充当网络上的一个文件系统，如图 1-1 所示。

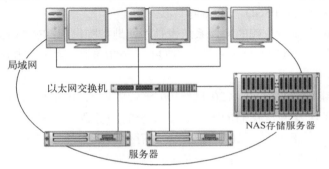

图 1-1　典型的 NAS 基础结构

而 SAN 则是将一组存储设备通过专门的网络连接到计算机网络中，充当网络上的一个存储设备，如图 1-2 所示。

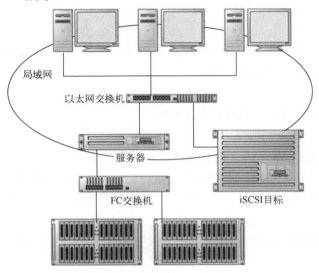

图 1-2　典型的 SAN 基础结构

读者只需简单区分这三种存储技术类型的差异即可：DAS 和 NAS 主要用于文件的存储和共享（文件级）；而 SAN 则主要用于基于块的存取，例如数据库系统。

1.2.3　抽象硬件管理：软件定义存储

无论从存储设备本身还是从网络存储技术的发展，我们看到的是更多的、新的网络设备和连接硬件投入其中。虽然成本不断提升，但是否就能满足需求呢？如上所述，SAN 支持的是块级的存取，而 NAS 支持的是文件级存取，这些都是在应用中经常遇到的需求，那么，是否可以同时兼顾这两种需求呢？

历史经验告诉我们：当硬件遇到瓶颈的时候，一定会用软件的方式来解决。软件定义存储（Software-Defined Storage，SDS）是一种存储架构，用于将存储的管理和配置与底层物理硬件剥离，旨在使用动态、敏捷和自动化的解决方案替换静态和低效的硬件方案。

1.2.4　一切皆是对象：对象存储

虽然软件定义存储的这些"雄心壮志"听起来很完美，但是落地的情况又是如何呢？在很长一段时间里，软件定义存储只是供应商操控的术语之一，其真正的突破却是从对象存储开始的。当前，对象存储服务几乎成了软件定义存储的代名词，虽然两者不是同一个层级的概念（软件定义存储是**规范**，而对象存储服务却是**实现**）。

对象存储（Object-based Storage），是一种新型的存储类型，综合了文件存储（NAS）和块存储（SAN）的优点，同时具有 NAS 的分布式数据共享和 SAN 的高速访问的优势。其中的对象由数据和元数据（Metadata）组成，可以抽象成任何内容，包括文件、信息块等。

而对于成功实现对象存储的项目，就不得不提到 OpenStack 的 Swift（注意不是苹果公司的新开发语言）。

1.3　心中的存储系统

在了解了存储系统的演变历程，感受了一波概念的冲击之后，我们不禁要问：什么样的存储系统才算好呢？

可能有些读者会说：对于存储服务，要求无非就是稳定、稳定再稳定。如何理解和细化所谓的稳定呢？本书以为，首先考虑的应该就是所谓的高可用性（HA）和可扩展性；其次，在性能满足的前提下，还隐含了一个低成本的要求；再次，作为一个软件定义存储，开源和标准接口（API）也是至关重要的。

1.　高可用（HA）

通俗点讲，高可用性（High Availability，HA）就是说系统的停用时间短，可供使用的时间长。业界通常的做法，也是非常有效的做法，就是采用集群系统（Cluster），将各个主机系统通过网络或其他手段有机地组成一个群体，共同对外提供服务。

创建集群系统，通过高可用性的软件将高可用性的硬件结合起来，消除单点故障。例如：当一台主机出现故障时，服务出口将自动转移到其他正常使用的主机上，总体不会影响服务的对外提供。

2. 可扩展

对于存储系统，可扩展性就是基于扩展系统的存储容量，即当系统的存储空间不够时，能够平滑地扩容。扩展通常包括两种：纵向扩展（Scale-up）和横向扩展（Scale-out）。

纵向扩展可以理解为节点能力的扩展，例如：存储不够时，添加一块硬盘；横向扩展就是集群中节点数量的扩展，例如：存储不够时，再添加一台主机。

图 1-3 所示是存储服务横向扩展示意。

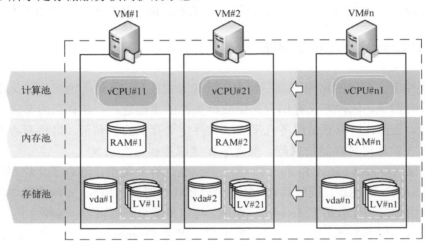

图 1-3　存储服务横向扩展示意

图 1-3 中，横向扩展方式非常适用于按"池"的方式来进行资源的统合管理。显而易见，考虑到设备硬件限制（例如扩展插槽和老化回收），横向扩展更加能够满足系统的扩展性。

3. 低成本

通过图 1-1 和图 1-2，不难看出，存储系统的成本主要体现在那些"高大上"的硬件设备上面。所以，如果存储系统能够支持通用的商用硬件，那么无疑会大大降低部署成本。

4. 开源

当前很多互联网公司（例如亚马逊、阿里巴巴等）都提供了商业化的云存储服务，而要搭建企业自己的私有云，则需要走开源路线。OpenStack Swift 项目正是一个成熟的开源项目，采用 Apache 2.0 许可协议，可用来开发商用系统。

5. 对开发的支持

按照软件定义存储（SDS）的要求，目标系统应该提供标准接口（API）来管理和维护存储设备和服务。例如使用标准 HTTP 方法或特定语言的 API 等。

标准接口的好处显而易见：能够被开发者更好地使用，从而可以更好地引入到实际的项目中去。

1.4　结语：永无止境的存储系统

存储系统作为应用系统的重要资源之一，经历了从单机存储到阵列、网络化、软件定义存储、云存储、对象存储等演变过程，其历程从侧面反映了应用系统的不断演变。

存储系统演变的目的还是为了满足应用系统的需要。在应用系统不断演变的同时，也需要将诸如存储系统等基础设施纳入规划，让它们与业务系统一样保持先进。

第2章　初识 Swift 存储系统

2.1　对象存储系统：OpenStack Swift

OpenStack 的对象存储项目 Swift 用于冗余的、可扩展的数据存储，使用标准化的服务器集群来存储数 PB 的可访问数据。它是一个长期存储大量静态数据的系统，可以对其进行检索和更新。

对象存储使用分布式体系结构，没有中心控制点，可以提供更大的可伸缩性、冗余性和持久性。对象被写入多个硬件设备，Swift 软件负责确保跨集群的数据复制和完整性。存储集群通过添加新节点进行横向扩展。如果一个节点失败，Swift 将从其他活动节点复制其内容。由于 Swift 使用软件逻辑来确保跨不同设备的数据复制和分发，因此可以使用廉价的商业硬盘驱动器和服务器来代替更昂贵的设备。

对象存储是经济高效、可扩展存储的理想选择。它提供了一个完全分布式的、可通过 API 访问的存储平台，可直接集成到应用程序中，或用于备份、存档和数据留存。

官方文档网址是 https://docs.openstack.org/swift/latest/admin/objectstorage-intro.html。

2.1.1　Swift 的重要特点

以下是 Swift 的一些重要特点：
- 利用标准商业硬件，不会形成对固定厂商的依赖，单位成本更低。
- HDD/节点即便发生故障也不会马上感知，因为系统可以自我修复，可靠，通过数据冗余来应对故障。
- 无限存储。大而扁平的命名空间，高度可扩展的读/写访问，能够直接从存储系统提供内容（从而可以减轻 Web 服务器的负载）。
- 多维可扩展性。支持横向扩展架构（垂直和水平分布的存储扩展）；以线性性能备份和存档大量数据。
- 账户/容器/对象结构。没有嵌套，不是传统的文件系统：针对规模进行了优化，可扩展到多个 PB 和数十亿个对象。
- 内置复制 3×+数据冗余（相比 RAID 的 2×）。可配置指定数量的账户、容器和对象副本，以实现高可用性。
- 轻松增加容量（不同于 RAID 调整大小）。轻松实现弹性数据缩放。
- 没有中央数据库。具备更高的性能，没有瓶颈。

- 不需要 RAID。有效地处理许多小的、随机的读写操作。
- 内置管理工具。账户管理：创建、添加、验证和删除用户；容器管理：上传、下载和验证；监视：容量、主机、网络、日志搜集和集群运行状况。
- 驱动审计。检测驱动器故障，预防数据损坏。
- 过期对象。用户可以设置对象的过期时间或 TTL 来控制访问。
- 直接对象访问。允许浏览器直接访问内容，例如控制面板。
- 实时查看客户端请求。及时了解用户的请求。
- 支持 S3⊖API。利用为流行的 S3 API 设计的工具。
- 限制每个账户的容器。限制访问权限以控制用户的使用。

官方文档网址是 https://docs.openstack.org/swift/latest/admin/objectstorage-features.html。

2.1.2　对象存储的主要特征

以下是对象存储系统的一些主要特征。

- 存储在对象存储中的所有对象都有一个 URL。
- "存储策略"可用于为集群中存储的对象定义不同级别的持久性。这些策略不仅支持完整的副本，还支持擦除码⊖的片段。
- 对象的所有副本或片段都存储在尽可能唯一的区域中，以提高持久性和可用性。
- 所有对象都有自己的元数据。
- 开发人员通过 RESTful HTTP API 与对象存储系统进行交互。
- 对象数据可以位于集群中的任何位置。
- 集群可通过添加额外的节点来扩展且不牺牲性能，与叉车式⊜升级相比，它可提供更具成本效益的线性存储扩展。
- 数据不必迁移到全新的存储系统。
- 可以在不停机的情况下将新节点添加到集群中。
- 可以将发生故障的节点和磁盘换出，而无须停机。
- 运行在行业标准的硬件上。

开发人员可以直接编写 Swift API，也可以使用主流的客户端库。亚马逊 S3 和阿里云 OSS 用户应该非常熟悉对象存储。

官方文档网址是 https://docs.openstack.org/swift/latest/admin/objectstorage-characteristics.html。

2.1.3　Swift 的衡量结果

表 2-1 是依据第 1 章中的评价体系来衡量 Swift 存储系统的结果。

⊖ 即 AWS S3，亚马逊对象存储服务。

⊖ 擦除码（Erasure-Code，简称 EC，也称纠删码）是一组数据冗余和恢复算法的统称。

⊜ 指的是由于较小的增强而导致系统进行重大的更改，工作量巨大（需要一台叉车来完成）。

表 2-1　Swift 系统的衡量结果

指　　标	结　　果
高可用	Swift 是一个高度可用的、分布式的、最终一致的对象存储系统。使用标准化服务器集群进行冗余、可扩展的数据存储
可扩展	具备多维可扩展性，支持横向扩展。以线性性能备份和存档大量数据，集群通过添加新节点来进行横向扩展
低成本	利用商业硬件，投入成本更低
开源	开源项目，使用 Python 语言开发，采用 Apache V2.0 许可协议，可用来开发商用系统
对开发的支持	提供了标准的 RESTful API 规范，还有多种语言（Java、Python 等）的客户端库以供选择

通过表 2-1 的衡量，Swift 系统似乎是完美存储系统的化身。

实际上，从阿里云 OSS 和亚马逊 S3 中都可以看到 Swift 的影子。

2.1.4　Swift 的重要概念

以下是 Swift 体系中的一些重要概念。

- 对象（Object）："账户/容器/对象"三层结构的底层，对象内容即数据本身。
- 容器（Container）：三层结构的中间层，为对象定义的命名空间，可以容纳无限数量的对象。
- 账户（Account）：三层结构的顶层，为容器定义的命名空间，可以容纳任意数量的容器。
- 分区（Partition）：用于存储三层结构内容（数据）的基本单元。
- 对象存储设备（Object-based Storage Device，OSD）：逻辑设备，用于存储分区，是定义故障隔离区的最小单元。形式上，对象存储设备是物理设备（分区）中的一个目录。
- 环（Ring）：用于维护存储对象的名称和存储位置（分区索引）的映射关系的数据结构。
- 故障隔离区（Zone）：为了避免由于设备故障而导致的数据丢失，从部署层面定义的数据存储区域。理论上，某一故障隔离区的数据如破坏，不会导致数据的所有副本丢失（数据副本保存在不同的故障隔离区）。故障隔离区的单位从小到大可以是：设备（OSD）、主机、机柜等。
- 存储策略（Storage Policies）：用于定义所存储的对象的持久性级别，例如副本数。
- 副本（Replica）：数据的副本，原则上不同的副本将存储在不同的故障隔离区。
- 访问控制列表（ACL）：账户的拥有者授权其他用户的访问权限的机制。

2.2　Swift 对开发者的支持

Swift 对开发者的支持还是非常到位的，不仅开源，而且提供了详尽的 API，帮助开发者快速集成对象存储系统到自己的应用中。

2.2.1　开源

OpenStack 是号称用于创建私有云和公有云的开源软件。Swift 是其中的存储模块（用于对象存储）的组件，也是开源的。Swift 代码的开发语言是 Python，采用 Apache 2 许可协议，可用于商业用途开发。

Swift 的源代码地址是https://github.com/openstack/swift.git。

2.2.2　对象存储 API

Swift 存储系统定义了一套对象存储 API 的规范，包括三层：账户、容器和对象。

客户端既可以使用标准 HTTP 来实现对象存储 API 所定义的规范，也可以使用特定语言开发的库。这些 API 都遵照 RESTful API 规范，便于应用集成。

客户端存取账户下的数据之前，需要先进行身份验证，身份验证服务将返回账户的 URL 和授权 Token。在后续的数据存取操作中，都将用到这两个参数。

（1）账户（Account）

账户是整个层次结构的顶层。管理员将为每个租户（Tenant）创建账户，用户拥有该账户中的所有资源。账户为下一层的容器定义了命名空间，即账户用于挂载容器。在两个不同的账户中可以存在具有相同名称的容器。

在 OpenStack 环境中，账户是项目或租户的同义词。

（2）容器（Container）

容器为下一层的对象定义了命名空间，即容器用于装载对象。在两个不同的容器中可以存在具有相同名称的对象。

除了包含对象外，还可以通过设置容器的访问控制列表来授权对其中对象的访问。

在阿里云 OSS 和亚马逊 S3 中，使用"桶"（Bucket）的定义来替代容器。

（3）对象（Object）

对象即存储数据内容，如文档、图像等。还可以使用对象存储自定义元数据。

账户、容器和对象的层次结构会影响应用与对象存储 API 的交互方式。资源路径反映了这种结构，资源路径的格式形如：

```
/v1/{account}/{container}/{object}
```

注意：路径中的"/"并不表示类似 Windows 路径的结构层次，Swift 中并没有目录的概念，引入"/"是为了构造所谓的"伪目录"，例如，相关的对象具有相同的伪目录前缀，这样就可以让查询者意识到这些对象是"放在一起的"。示例如下：

```
fruit/李子.jpeg
```

```
fruit/杨桃.jpeg
......
```

在这些大而扁平化的命名空间中，对象的查询支持参数筛选和分页浏览。

（4）对象存储 API 的默认约束

Swift 系统的 HTTP 请求具有表 2-2 所示的默认约束（可以对比阿里云 OSS）。

表 2-2 对象存储 API 的默认约束

项	限 值	说 明
HTTP 头部的项的数量	90	一个键值对即为一项
HTTP 头部的总长度	4096B	—
每个 HTTP 请求行的长度	8192B	—
HTTP 请求的长度	5GB	也是单个对象的限制大小
容器名称的长度	256B	不能包含/字符、UTF-8 编码
对象名称的长度	1024B	没有字符限制、UTF-8 编码

2.3 结语：企业级应用的选择

本章引用了大量官方的介绍，并结合对存储系统的评价标准，对 Swift 系统进行了综合评价。不难看出，Swift 系统具备企业级应用的基本元素：分布式、高可用、横向扩展、面向商用设备等。

从业务的层面来看，面向对象的存储，消除了数据在形态上的差异，利于业务的整合。从集成的层面来看，提供了标准的（RESTful）API 规范和多种语言的实现，方便了存储系统与应用之间的集成。

不得不说，Swift 系统是企业级应用的不错选择。

第3章 Swift 存储系统的架构

3.1 Swift 存储系统的结构

3.1.1 系统层次结构

在介绍 API 的架构时，提到"账户/容器/对象"三层结构，其中对象（数据本身）处于最下一层。实际上，按照部署的层次结构，三层结构之上还有不少内容。

图 3-1 是 Swift 对象存储系统的层次结构示意。

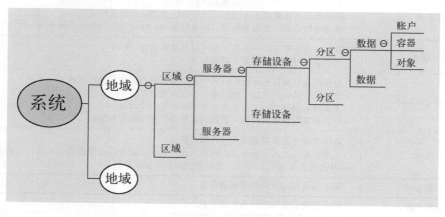

图 3-1　Swift 对象存储系统的层次结构

从图 3-1 中可知，Swift 存储系统的顶层是地域（Region），即系统可由多个不同地域的单元组成。该层的划分依据大多与企业的机构分布有关，例如：子公司、分支结构等。

区域（Zone）是第二层，是对处于同一地域的单元（例如机房）的进一步划分，划分依据有物理位置（例如机架）、电源隔离、网络分隔（例如多线路机房）等。

在 Swift 系统中，区域的划分还有一个重要的目的：定义隔离故障区。即某区域出现故障时，不会影响整体服务，服务还可以依赖正常运行的其他区域。按照该目的及部署规模，区域的划分还可以依照服务器，甚至是驱动器。

区域（例如机架）的下一层是服务器，而服务器的下一层则是存储设备（磁盘驱动器）。图 3-1 中，存储设备的下一层是分区（Partition），但该分区不是指磁盘分区，而是由 Swift

系统创建和管理的基本存储单元。

　　而磁盘分区（物理存储）与 Swift 系统的分区之间的映射，正是 Swift 系统的核心数据结构之所在——环（ring）。物理磁盘中的一个分区或者其中的一个目录都可以作为对象存储设备（OSD）。通过建环工具（swift-ring-builder）创建分区并分配给设备，同时还将映射数据序列化输出到磁盘文件，这些文件就是所谓的环定义文件。代理服务器依据环定义文件，就可以知道所存储的对象在实际物理设备中的位置。

　　分区是存储的基本单元，账户和容器数据库以及对象都存储在分区中。数据的冗余也是以分区为单位。所谓的副本数，就是将源数据复制到不同区域的分区中的份数。

　　表 3-1 是对图 3-1 中层次结构的详细说明。

表 3-1　Swift 存储层次结构说明

组　件	说　明
地域（Region）	抽象概念，按计算机网络的地理位置分隔来划分数据存储区域 用来定义全局集群
区域（Zone）	抽象概念，按管理要求来划分数据存储区域，其目的是隔离故障区 区域的划分包括物理位置（例如：机架）、电源分隔、网络分隔等 原则上，数据副本应该位于不同的区域中
服务器	既可以是物理机，也可以是虚拟机（VM） 服务器具备计算能力（CPU）、I/O吞吐能力和网络连接能力 按功能划分有：代理服务器、对象服务器、容器服务器和账户服务器
存储设备	既可以是物理存储的磁盘，也可以是逻辑磁盘（LV） 一个服务器可以挂载多个存储设备
分区（Partition）	分区是存储数据的集合，包括对象、账户数据库和容器数据库 分区在初始化环的过程中创建，分区数是 $2^{\text{part-power}}$ 在操作系统层面，分区就是文件系统中的一个目录 分区是复制系统的核心，数据副本按分区进行检查和复制
环	环用于确定数据在集群中的存储位置 环是由建环工具手动构建和管理，该工具负责将分区分配给存储设备，并将该信息结构（即环的定义）写到文件中，最终会分发到所有服务器
账户数据库	用于存储账户下的容器列表信息
容器数据库	用于存储容器中的对象列表信息
对象	即数据本身

　　表 3-1 中，考虑到单词"region"和"zone"的含义有些相似，所以特地用"地域"和"区域"予以区分。

3.1.2　部署规模的定义

　　在表 3-1 中，区域（Zone）的弹性最大，对于大规模集群，区域可以对应机房中的机架；对于中等规模集群，区域可以对应服务器；对于小规模或者实验室环境，区域甚至还可以是一个单独的磁盘驱动器。

　　表 3-2 是在不同部署规模下对区域的划分粒度。

表 3-2　在不同部署规模下对区域的划分粒度

规　　模	区域（Zone）的内容
小型	驱动器，副本数据在不同的驱动器中
中型	服务器，副本数据在不同的服务器中
大型	机架，副本数据在不同机架的服务器中

在本书中，采用中型部署规模搭建，即一台服务器对应一个区域。

3.1.3　数据存储结构

图 3-2 是按中型规模搭建的 Swift 存储系统中数据存储结构示意图。

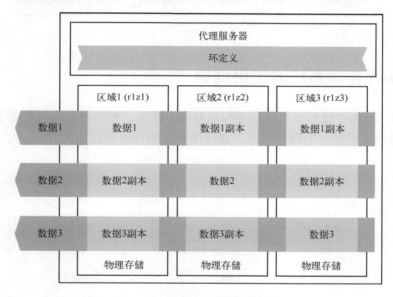

图 3-2　中型规模数据存储结构

图 3-2 中，按每一台服务器对应一个区域，则图中有三台存储服务器。

这三台服务器各有独立的物理存储设备，但它们共享相同的环定义。对于外部调用，统一由代理服务器依据环定义来提供数据存储服务，从而构成服务集群。

图 3-2 中的副本数为 3，即每一份数据都有 3 个副本，且每一个副本都存储在不同的区域中。

数据副本存储在分区中，数据内容包括账户数据库、容器数据库和对象（数据本身）。

图 3-3 是副本数据存储内容及结构示意图。

图 3-3 中，存储于不同区域的分区中的副本数据与主数据是一致的，它们是相互备份的关系。副本数据的一致性检查和复制操作由 Swift 系统内部自动完成。

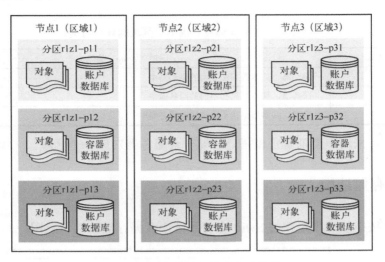

图 3-3　副本数据存储内容及结构

3.2　Swift 存储系统的应用框架

图 3-4 是 Swift 存储系统的应用架构示意图。其中，整个服务体系由若干个主机（节点）构成；每台主机又分为两个部分：存储服务层和存储资源池。

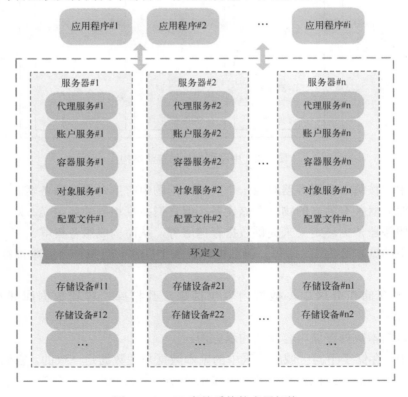

图 3-4　Swift 存储系统的应用架构

存储服务层由五部分组成：代理服务（proxy-server）、账户服务（account-server）、容器服务（container-server）、对象服务（object-server）和配置文件。其中代理服务用于衔接外部应用与内部其他服务的调用关系；配置文件则包括本机服务的配置和环的定义。

存储资源池是由各主机的存储设备集成的资源池。从纵向看，各主机可以扩展存储设备；从横向看，可以扩展节点主机（当然也扩展了存储设备）。

通过每台主机的代理服务均可访问存储资源池中的所有资源；当某一台主机不可用时，仅仅是该主机的代理服务不可用，只需切换到其他可用的主机即可。最终的影响是不会在该主机的存储设备上进行存储，而是在其他主机上存储。

虽然各主机上的配置信息各不相同（如绑定 IP），但其中环的定义使用的是同一份。这样就保证了所有主机都"知晓"整个存储资源池的配置情况；所有主机的代理服务之间相互"沟通"，从而保证了存储信息的一致性。

3.3　结语：框架决定开局

本章介绍了 Swift 存储系统的层次结构和应用框架，是出于以下两方面的考虑。

一方面，旨在帮助读者进一步了解 Swift 系统的内涵，为后续的系统搭建打好基础。另一方面，让读者初步了解 Swift 系统与应用系统的集成关系，为后续的应用集成做好铺垫。

读者不难发现，Swift 系统框架是非常具有弹性的。例如：自定义了存储单元，通过环数据结构，规避了物理存储设备上的限制（如分区限制、单机的限制等）。

实际上，Swift 系统是软件定义存储（SDS）的一个成功的实践，这也给应用集成开启了一个好的局面。

第4章 搭建基于 Swift 的存储系统

4.1 搭建思路

OpenStack 的口号是：打造开放基础设施的未来。其定位是创建私有云和公有云的开源软件。其目标是控制整个数据中心的大型计算、存储和网络资源池，且完全通过看板或 API 来进行管理。

可以说，OpenStack 被设计成一个"大而全"的开源框架，包含多个领域，Swift 只是其中的存储领域中的对象存储模块（目前，OpenStack 有 44 个像 Swift 这样的服务类项目）。可以想象，对于大部分创业型企业而言，OpenStack 虽然是一个"宝库"，但是过于庞大，部署和运维的复杂度都不低，让人望而却步。

如何把 Swift 从 OpenStack 系统中剥离出来，让 Swift 为我所用，是我们面临的第一只"拦路虎"。

4.1.1 部署方式的选择

Swift 的部署方式与其身份验证服务息息相关，OpenStack 提供了两种身份验证方式。

● OpenStack 身份验证，即依赖 OpenStack 框架中的 Keystone 组件提供的身份验证服务。该验证方式安全性较高，也是 OpenStack 推荐的方式。在该方式下，Swift 需要和 OpenStack 的其他组件一并部署。

● 临时验证（Tempauth）。该身份验证由 Swift 系统自身提供，不依赖 OpenStack 的其他组件。但该验证方式存在一定风险。在该方式下，可以采用所谓的 SAIO（Swift All In One）部署方式，即在一台服务器上实现 Swift 的完整安装。

本书所说的私有云存储系统，正是基于 SAIO 方式进行各节点的部署，再将节点进行横向连接，形成集群。

4.1.2 部署步骤的调整

解决了部署依赖的问题，还将面临部署效率的问题。Swift 存储系统是一个集群系统，按照中型的部署规模，即每一台服务器是一个节点。而 Swift 存储系统至少需要两台服务器（官方推荐是至少 5 台）。如何高效、快速地组建包含多个节点的集群，是第二个亟需解决的问题。

本书将准备对象存储服务器（VM）的环节划分为三个阶段。

● 准备基础模板虚拟机：创建与对象存储无关的、主要关注基础配置的模板虚拟机。包括硬件资源分配、分区、存储设备、基础设置、安装基础工具等。

● 准备对象存储模板虚拟机：在基础模板虚拟机上，初始化对象存储服务器有关的设置，包括创建 Swift 安装用户、划分存储空间、下载 Swift 代码、安装依赖项、配置依赖服务器和基本配置等。

● 虚拟机管理及个性化配置：在对象存储模板虚拟机的基础上，克隆出实例虚拟机。并按照部署目标，进行每台服务器的个性化配置，包括设置静态 IP、绑定 IP 以及最终启动存储服务等。

以上三阶段的划分如图 4-1 所示。

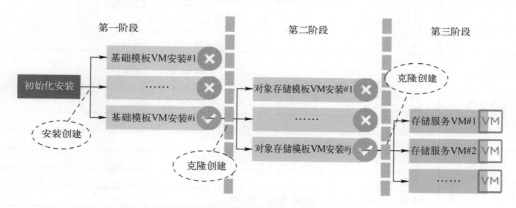

图 4-1   准备对象存储服务器的三个阶段

图 4-1 中，第一和第二阶段中成功安装的虚拟机将成为模板，成为下一环节中所有虚拟机的克隆源。所不同的是，第一阶段的虚拟机是安装创建的，而第二阶段是克隆创建的。

相比官方的 SAIO 部署方式，上述调整利于读者宏观地、尽可能从生产的角度了解整个系统的部署步骤。

4.2   条件检查

4.2.1   宿主机 CPU 是否支持虚拟化

相关检测参见 9.2.1 节。

4.2.2 宿主机操作系统内核检查

相关检测参见 9.2.2 节。

4.2.3 宿主机实验配置和生产配置

因为宿主机"肩负"着虚拟机的运行和管理，所以对其配置有较高的要求。表 4-1 是宿主机的实验配置和生产配置建议，读者可依据实际情况调整。

表 4-1　宿主机的实验配置及生产配置建议

项	实验配置	生产配置
核心硬件	vCPU≥4（2×2 核） 内存≥16GB 存储空间≥1TB 网络吞吐≥1Gbit/s	vCPU≥32（2×16 核） 内存≥64GB 存储空间≥16TB 网络吞吐≥1Gbit/s
磁盘分区	boot 分区：500MB swap 分区：16GB 根分区：剩余空间	boot 分区：500MB swap 分区：64GB 根分区：剩余空间
操作系统	Ubuntu Server 16.04 LTS 默认安装 SSH 服务	
软件配置	设置 root 密码 允许 root 登录 SSH 服务 修改更新源 设置 DNS 基础工具安装（lrzsz、unzip、htop、iostat）	

表 4-1 中的估算主要是依据所需虚拟机（VM）的台数来规划的。按每台 VM 的配置：CPU 1～4 核，内存 2～8GB，存储 500GB～2TB，可以规划 6～8 台。

4.3　系统规划

Swift 存储系统基于集群来搭建，需要多个节点来构建，所以动手之前还要规划集群节点和存储节点，例如：部署的规模、集群的节点数、每个节点的存储节点数、每个存储节点的分区划分等。

4.3.1 集群规划

按照中型规模，即一台主机对应一个集群节点，每个节点再分配 2 个存储节点。对于静态部署，本书将给出 2 个场景：单机环境和多机环境（2 台）；对于动态部署，是在 2 台服务器的基础上再添加 1 台，最终成为 3 个节点的集群。集群规划详细见表 4-2。

表 4-2 集群规划

项	内 容
物理机（宿主机）	1 台
节点数（集群 VM 数）	3 个：2（静态）+1（扩展）
虚拟机数量	共计 4 台 单机环境：1（静态） 多机环境：2（静态）+1（扩展）

需要提醒读者注意，表 4-2 中用到的 4 台虚拟机均采用同一模板生成。

4.3.2 存储规划

对于存储设备的选择，机械硬盘（HDD）和固态硬盘（SSD）均可，固态硬盘 I/O 性能高，但成本高；机械硬盘成本相对较低。表 4-3 是系统的存储规划。

表 4-3 存储规划

项	内 容
存储策略	副本数为 2（存储策略 silver，针对单机环境） 副本数为 3（存储策略 gold，针对多机环境）
存储专用分区	基础分配：500GB（LVM，采用纵向扩展，每次扩展 500GB）
存储节点数	每台服务器 2 个
对象存储设备（OSD）	每个存储节点各对应 1 个存储设备，即每台服务器 2 个

表 4-3 中的副本数和存储专用分区，需要额外说明。

（1）副本数

对于副本数，官方推荐是 3。但是对于单台服务器（每台规划 2 个对象存储设备）的静态部署，其副本数最多只能为 2，大于 2 时则会抛出以下错误提示：

```
An error has occurred during ring validation. Common
causes of failure are rings that are empty or do not
have enough devices to accommodate the replica count.
Original exception message:
Replica count of 3.0 requires more than 2 devices
```

其意思是，若要副本数为 3，则要求有 2 个以上的设备（对象存储设备）。

（2）存储专用分区

用于对象存储的分区将不与系统分区混用，而是采用单独划分分区，并使用逻辑卷管理（LVM）机制对这些单独分区进行管理，形成存储池的形态，便于存储空间的动态调整。

为了详细介绍虚拟机的纵向扩展，本书将着重介绍在已有存储分区的基础上，如何新增逻辑卷（LV）并纳入已有卷组中。

4.4　准备基础模板虚拟机

4.4.1　前提条件

（1）准备宿主机（物理机）

1）硬件配置。

按表 4-1 的配置标准对宿主机进行配置，核心硬件包括：CPU、内存、存储和网络连接。

2）安装操作系统。

按表 4-1 的配置安装宿主机的操作系统，主要设置点包括：安装用户账户、磁盘分区、开启 SSH 服务等。安装过程细节可参见第 9 章。

3）安装虚拟机管理工具。

在宿主机上安装 KVM 工具，用于对虚拟机的管理。其安装过程可参见第 9 章。

4）虚拟机的创建及安装。

KVM 工具安装完毕，创建虚拟机（作为基础模板虚拟机），再进行虚拟机自身的安装（用 VNC Viewer 远程操作）。

基础模板虚拟机决定了最终对象存储服务器的配置，所以对其也有一定要求，见表 4-4。

表 4-4　基础模板虚拟机的实验配置和生产配置

项	实 验 配 置	生 产 配 置
核心硬件	vCPU≥2 内存≥2GB 存储空间≥20GB 网络吞吐≥1Gbit/s	vCPU≥4 内存≥8GB 存储空间≥50GB 网络吞吐≥1Gbit/s
磁盘分区	boot 分区：500MB swap 分区：4GB 根分区：剩余空间	boot 分区：500MB swap 分区：8GB 根分区：剩余空间
操作系统	Ubuntu Server 16.04 LTS 安装 SSH 服务	
软件配置	设置 root 密码	
	允许 root 登录 SSH 服务	
	修改更新源	
	设置 DNS	
	基础工具安装（iostat、htop）	
专用存储分区	使用 QEMU 的磁盘管理工具扩展分区，并使用 LVM 管理所扩展的分区	

虚拟机的创建及安装过程参见第 9 章。

表 4-4 中核心硬件的存储空间指的是操作系统所占用的空间，并不包括对象存储所要占用的空间；对象存储所需的空间是表中的"专用存储分区"项。

（2）安装客户端工具

1）VNC 客户端工具。

KVM 系统默认支持的图形化接入类型是 VNC（Virtual Network Console，虚拟机网络控制台），VNC 客户端工具依据**宿主机的 IP** 和**安装虚拟机时所指定的端口号**来远程控制虚拟机，进行虚拟机自身的安装（因为这时无法获取虚拟机的 IP）。

推荐的 VNC 客户端工具是 VNC Viewer，它是一款广受欢迎的、支持多平台且免费的 VNC 客户端工具，如图 4-2 所示。

2）SSH 客户端工具。

为了方便远程管理虚拟机，还需要安装 SSH 客户端工具。

因为在安装虚拟机的过程中，可能需要将本地文件上传到目标虚拟机或者从虚拟机上下载文件到本地主机，对于这种需求，VNC Viewer 是无法满足的，而 SSH 客户端工具则可以实现。

不仅如此，SSH 客户端要比 VNC 客户端"轻"一些，因为其不涉及图形界面。

图 4-3 中所用的 SSH 客户端工具是 Xshell，其服务端口为默认的 22。后续操作均可通过 SSH 客户端工具进行，但需要注意区分登录账户。

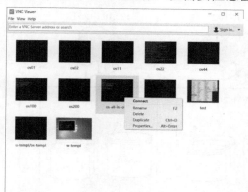

图 4-2　VNC Viewer 工具

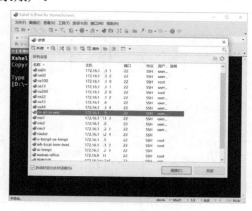

图 4-3　SSH 客户端工具

4.4.2　系统设置

（1）设置 root 账户

在 Ubuntu 的安装过程中要求不能使用 root 账户。但为了后续操作的方便，往往需要开通 root 账户。首先需要设置 root 账户的密码，此外还要允许 root 账户访问 SSH 服务。

1）设置密码

相关设置可参见 9.3.1 节。

2）允许 root 账户直接访问 SSH 服务

相关配置可参见 9.3.1 节。

（2）设置 DNS

相关设置可参见 9.4.1 节。

（3）修改更新源

有关修改软件包的更新源，请参考第 12 章中有关软件包安装工具的说明。

4.4.3 基础工具安装（可选）

工具包括 iostat 和 htop。相关介绍和操作参见 9.3.3 节。

4.4.4 准备专用存储分区

专用存储分区是为最终对象存储准备的独立分区，但不在安装虚拟机时进行初始化。分区所需的存储空间是在后期由虚拟机管理系统扩容分配的；并通过 LVM 机制，以虚拟机为单位，将所有扩容给虚拟机的扩展分区进行统一管理。图 4-4 是虚拟机存储资源部署示意图。

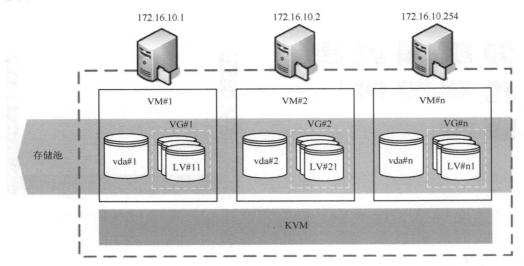

图 4-4 虚拟机存储资源部署

图 4-4 中，存储池中，vda 字样的存储空间指的是分配给虚拟机的初始分区，是固定的；而 LV 字样的存储空间是在宿主机上，通过虚拟机磁盘管理工具给虚拟机"扩容"所分配的分区，是后期动态分配的，而且可以是多次分配；通过 LVM 机制将这些 LV 字样的存储空间统合到一起进行管理（即 VG）。

注意： 虚拟机镜像文件的扩容在宿主机上操作；而分区的创建，PV、VG 及 LV 的管理却是在目标虚拟机中。

（1）扩展虚拟机镜像

在 KVM 系统中，用虚拟机磁盘镜像工具（qemu-img）给虚拟机镜像文件扩容时，需要先关停目标虚拟机。

　　该关停操作既可以在虚拟机上通过 "shutdown" 命令实现，也可以在宿主机上使用虚拟机管理命令（"virsh shutdown" 或 "virsh destroy"）实现。但本书建议采用第一种方式。

　　关停目标虚拟机后，再在宿主机中，使用虚拟机磁盘管理工具 qemu-img 来调整指定虚拟机的镜像大小，命令行如下：

```
qemu-img resize /var/lib/libvirt/images/u-templ.qcow2 +500GB
```

　　其中，"u-templ.qcow2" 是基础模板虚拟机的镜像文件名，而 "u-templ" 则是该虚拟机的名称（KVM 系统中）。命令 "resize" 用来调整镜像文件大小，此处为增大 500GB。

　　使用 "qemu-img info" 命令可以查看调整后的镜像文件信息：

```
qemu-img info /var/lib/libvirt/images/u-templ.qcow2
```

　　确认镜像文件已被扩展后，启动目标虚拟机：

```
virsh start u-templ
```

　　有关虚拟机镜像工具的用法明细请参考第 9 章。

　　（2）创建分区

　　在目标虚拟机中，把所扩展的存储空间全部用来创建一个分区。

　　创建分区的操作可参见第 10 章。

　　对该分区的要求主要有以下两点。

　　1）新分区和已有分区是连续的，即新分区的开始扇区紧挨着已有分区的结尾扇区。

　　2）分区的类型为 "Linux LVM"（Ubuntu 16.04 中的代码是 8e）。

　　（3）逻辑卷管理（LVM）

　　考虑到后续的存储扩展，不能将上述扩展的物理分区直接用于存储。而 LVM 机制正好可以满足该需求。

　　逻辑卷管理的操作可参见第 10 章。

　　对于逻辑卷管理的设置过程，需要注意以下两点。

　　1）使用卷组（VG）中全部的空闲空间（"100%FREE"）来创建逻辑卷（LV）。

　　2）卷组名为 "foovg"，逻辑卷名为 "foolv"（只有 1 个 LV）。

　　后续设置中的 "/dev/foovg/foolv" 即为逻辑卷的路径。

　　逻辑卷创建完成后，还需对其进行格式化并绑定到文件系统。由于涉及初始化对象存储相关的目录，后续操作未纳入准备基础模板虚拟机的环节。

4.4.5　提取模板虚拟机

　　基础虚拟机准备就绪后，需要将该安装成功的虚拟机当作模板，即后续的操作将以该虚拟机作为模板来克隆对象存储模板虚拟机并进行后续配置，而不是直接在模板虚拟机上操作（如图 4-1 所示）。

　　通过克隆基础虚拟机来生成对象存储模板虚拟机，而不是直接在作为模板的虚拟机上操作。这样的好处是：一旦安装出错，可以丢弃有问题的虚拟机，重新克隆新的虚拟机。

有关安装和克隆虚拟机的操作，参见第 9 章。

4.5 准备对象存储模板虚拟机

模板虚拟机主要用于通过克隆方式来创建实例虚拟机。准备好了对象存储模板虚拟机，就可以快速、高效地创建对象存储服务器了。

表 4-5 中是准备对象存储模板虚拟机的重要步骤。

表 4-5　准备对象存储模板虚拟机的重要步骤

项	配　　置
系统设置	从 u-templ 改为 os-templ 新增 Swift 安装用户
存储设备	格式化 LV 并绑定到文件系统，并初始化存储节点目录
安装依赖项	包括 Swift client 和 Swift 的依赖项
下载代码并编译	下载 Swift client 和 Swift 的代码，并构建开发安装环境
配置依赖服务器	同步服务、缓存服务和日志服务
初始化配置文件	存储策略、代理服务、账户服务、容器服务、对象服务配置文件
初始化配置脚本	主要是重置脚本和启动脚本（暂不包括建环脚本）

表 4-5 中的 LV 即基础模板虚拟机中创建的逻辑卷。

4.5.1　系统设置

（1）修改主机名

通过修改文件"/etc/hostname"来修改主机名，如代码 4-1 所示。

代码 4-1　主机名配置文件：/etc/hostname

```
1  os-templ
```

此外，还需修改文件"/etc/hosts"，如代码 4-2 所示。

代码 4-2　主机映射配置文件：/etc/hosts

```
1  127.0.0.1   localhost
2  127.0.1.1   os-templ
3
4  # The following lines are desirable for IPv6 capable hosts
5  ::1    localhost ip6-localhost ip6-loopback
6  ff02::1 ip6-allnodes
```

```
7   ff02::2 ip6-allrouters
```

修改完毕，重启虚拟机以生效。

（2）创建 Swift 安装用户

由于 Swift 系统不允许以 root 账户进行安装，因此需要额外创建用户。操作脚本如下：

```
useradd swift -m
passwd swift
usermod -a -G sudo swift
```

其中，"useradd" 用于新增用户 swift；"passwd" 用于设置密码；"usermod" 用于设置用户组权限。更多命令可参见第 12 章。

4.5.2　存储空间准备

（1）初始化存储设备

Swift 系统所依赖的文件系统是 xfs 格式，所以需要对存储设备按照 xfs 格式进行格式化。

相关的操作如下：

```
mkfs.xfs /dev/foovg/foolv
```

其中 "/dev/foovg/foolv" 是在基础虚拟机准备阶段创建的逻辑卷（LV）。

修改文件 "/etc/fstab" 并添加行：

```
/dev/foovg/foolv /mnt/lvm xfs noatime, nodiratime,logbus=8 0 0
```

其中 "/mnt/lvm" 即是逻辑卷的挂载点（mount point）。

接下来是创建挂载点并挂载，即将格式化后的 LV 挂载到文件系统：

```
mkdir /mnt/lvm
mount -a
```

自此，文件系统才 "承认" 该存储设备，输出示例如下：

```
root@os-saio:~# df -h
Filesystem                Size  Used Avail Use%  Mounted on
……
/dev/mapper/foovg-foolv   10G   33M  10G   1%    /mnt/lvm
```

（2）初始化存储节点目录结构

按规划，每个节点（服务器）有两个存储节点。

存储设备准备完毕，需要对存储节点进行初始化。

代码 4-3 是初始化存储节点目录结构的脚本。

代码 4-3　初始化存储节点目录结构

```
1   mkdir /mnt/lvm/1 /mnt/lvm/2
2   chown swift:swift /mnt/lvm/*
3   mkdir /srv
4   for x in {1..2}; do ln -s /mnt/lvm/$x /srv/$x; done
5   mkdir -p /srv/1/node/sdb1 /srv/2/node/sdb2 /var/run/swift
6   chown -R swift:swift /var/run/swift
7   for x in {1..2}; do chown -R swift:swift /srv/$x/; done
```

代码 4-3 中，创建了两个存储节点（sdb1 和 sdb2）。但这两个节点并不是直接存放在逻辑卷（LV）所挂载的设备中，而是存放在它们的链接目录中（第 3 行中的 "/srv"）。

这样做的好处在于，如果 "/mnt/lvm" 被卸载，磁盘的同步操作将会失效（因为 "/srv" 所指向的目录已失效），且不会将文件写到其他地方；但如果存储目录直接到挂载设备上，此时设备被卸载，同步操作会将文件写到磁盘的根分区（"/"）。

（3）设置启动项

为了保证重启时恢复权限，需要在启动加载文件 "/etc/rc.local" 中添加相关内容（在 "exit 0" 之前），如代码 4-4 所示。

代码 4-4　启动加载文件内容

```
1   ……
2   mkdir -p /var/cache/swift /var/cache/swift2
3   chown swift:swift /var/cache/swift*
4   mkdir -p /var/run/swift
5   chown swift:swift /var/run/swift
6   ……
7   exit 0
```

其中两个缓存目录（swift 和 swift2），分别对应前面创建的两个存储节点。

4.5.3　安装依赖项

由于 Swift 系统不允许使用 root 账户构建其开发安装环境，因此需要切换到 swift 账户：

```
su - swift
```

再安装依赖：

```
sudo apt-get update
sudo apt-get install curl gcc memcached rsync sqlite3 xfsprogs \
                git-core libffi-dev python-setuptools \
                liberasurecode-dev libssl-dev
```

```
sudo apt-get install python-coverage python-dev python-nose \
                     python-xattr python-eventlet \
                     python-greenlet python-pastedeploy \
                     python-netifaces python-pip python-dnspython \
                     python-mock
```

因为 swift 账户非 root 账户，为了保证安装权限，需要获取超级管理员权限（"sudo"）。

4.5.4　下载代码并编译

下面下载和构建 swift client 和 swift 代码。
首先获取 swift client 代码：

```
cd $HOME; git clone https://github.com/openstack/python-swiftclient.git
```

然后构建 swift client 的开发安装：

```
cd $HOME/python-swiftclient; sudo python setup.py develop; cd -
```

接着获取 swift 代码：

```
git clone https://github.com/openstack/swift.git
```

最后构建 swift 的开发安装：

```
cd $HOME/swift; sudo pip install --no-binary cryptography -r requirements.
txt; sudo python setup.py develop; cd -
```

在安装过程中，特别是构建开发安装环境的环节，可能会由于网络原因，导致安装报错。此时多试几次即可。

4.5.5　配置依赖服务

Swift 系统依赖的主要服务有：同步服务、缓存服务和日志服务。
（1）同步服务
1）创建配置文件。
通过复制示例配置文件来创建同步服务的配置文件 rsyncd.conf：

```
sudo cp $HOME/swift/doc/saio/rsyncd.conf /etc/
sudo sed -i "s/<your-user-name>/${USER}/" /etc/rsyncd.conf
```

2）修改配置文件。
修改文件 "/etc/rsyncd.conf"，替换其中的 "<your-user-name>"，并删除多余的节点（示

27

例文件中是 4 个，本书是两个）。代码 4-5 是文件 "/etc/rsyncd.conf" 修改后的内容。

代码 4-5　同步服务配置文件：/etc/rsyncd.conf

```
 1  uid = swift
 2  gid = swift
 3  log file = /var/log/rsyncd.log
 4  pid file = /var/run/rsyncd.pid
 5  address = 0.0.0.0
 6
 7  [account6012]
 8  max connections = 25
 9  path = /srv/1/node/
10  read only = false
11  lock file = /var/lock/account6012.lock
12
13  [account6022]
14  max connections = 25
15  path = /srv/2/node/
16  read only = false
17  lock file = /var/lock/account6022.lock
18
19  [container6011]
20  max connections = 25
21  path = /srv/1/node/
22  read only = false
23  lock file = /var/lock/container6011.lock
24
25  [container6021]
26  max connections = 25
27  path = /srv/2/node/
28  read only = false
29  lock file = /var/lock/container6021.lock
30
31  [object6010]
32  max connections = 25
33  path = /srv/1/node/
34  read only = false
35  lock file = /var/lock/object6010.lock
36
37  [object6020]
38  max connections = 25
39  path = /srv/2/node/
```

```
40   read only = false
41   lock file = /var/lock/object6020.lock
```

代码 4-5 中，加粗部分是需要修改的地方。IP 地址 "0.0.0.0" 表示接受所有的连接。

3）打开服务开关。

修改文件 "/etc/default/rsync"，打开允许同步服务的开关（默认为否）：

```
RSYNC_ENABLE=true
```

4）启动 rsync 守护进程：

```
sudo systemctl enable rsync
sudo systemctl start rsync
```

5）验证。

通过以下命令验证同步服务是否接受所有服务器的连接：

```
rsync rsync://pub@localhost/
```

若得到以下输出：

```
account6012
account6022
container6011
container6021
object6010
object6020
```

则表明同步服务启动成功。

（2）缓存服务（memcached）

因为 tempauth 会将授权 Token 缓存在 memcached 中，所以需要确保该服务已经启动。

```
sudo systemctl enable memcached.service
sudo systemctl start memcached.service
```

（3）日志服务

为了方便运维问题的定位，本书建议为 Swift 系统单独建立日志。

1）创建配置文件。

通过复制示例配置文件来创建 Swift 的 rsyslog.d 配置文件：

```
sudo cp $HOME/swift/doc/saio/rsyslog.d/10-swift.conf /etc/rsyslog.d/
```

2）修改配置文件。

删除示例配置中多余的节点（示例文件中是 4 个，本书是两个）。

代码 4-6 是修改后的配置文件内容。

代码 4-6　swift 日志配置文件：/etc/rsyslog.d/10-swift.conf

```
1    ......
2    local1.*;local1.!notice /var/log/swift/proxy.log
3    local1.notice           /var/log/swift/proxy.error
4    local1.*                ~
5
6    local2.*;local2.!notice /var/log/swift/storage1.log
7    local2.notice           /var/log/swift/storage1.error
8    local2.*                ~
9
10   local3.*;local3.!notice /var/log/swift/storage2.log
11   local3.notice           /var/log/swift/storage2.error
12   local3.*                ~
13
14   local6.*;local6.!notice /var/log/swift/expirer.log
15   local6.notice           /var/log/swift/expirer.error
16   local6.*                ~
```

代码 4-6 中，local1、local2、local3 和 local6 与后面的配置文件中的日志配置对应。

3）修改系统日志配置

修改文件"/etc/rsyslog.conf"，并在"GLOBAL DIRECTIVES"段中添加项。

代码 4-7 中标记为粗体的内容即为添加行。

代码 4-7　swift 日志配置文件：/etc/rsyslog.conf

```
1    ......
2    #########################
3    #### GLOBAL DIRECTIVES ####
4    #########################
5
6    $PrivDropToGroupadm
7    ......
```

4）创建日志输出目录：

```
sudo mkdir -p /var/log/swift
```

5）设置日志记录目录权限并启动 syslog 服务：

```
sudo chown -R syslog.adm /var/log/swift
sudo chmod -R g+w /var/log/swift
sudo service rsyslog restart
```

其中"syslog.adm"即是代码 4-7 中所定义的权限组。至此，Swift 相关服务会将日志写入"/var/log/swift"目录中。

4.5.6　准备配置文件

（1）初始化配置文件

1）删除已有的 swift 目录：

```
sudo rm -rf /etc/swift
```

2）通过复制示例配置来填充配置目录：

```
cd $HOME/swift/doc; sudo cp -r saio/swift /etc/swift; cd -
sudo chown -R ${USER}:${USER} /etc/swift
```

3）替换 swift 配置文件中的"<your-user-name>"：

```
find /etc/swift/ -name \*.conf
    | xargs sudo sed -i "s/<your-user-name>/${USER}/"
```

其目标是使用系统变量"USER"来替换配置文件中的"<your-user-name>"字符串。

（2）修改配置文件

表 4-6 是 Swift 系统中重要的配置文件，这些配置文件均在"/etc/swift"目录中。

表 4-6　Swift 存储系统的配置文件

文　件	说　明
swift.conf	Swift 顶层配置，用于定义存储策略 在单机场景：silver，在多机场景：gold（默认）
proxy-server.conf	代理服务配置
object-expirer.conf	对象过期配置
container-reconfiler.conf	容器协调配置
account-server/{1..x}.conf	账户服务配置文件（有几个存储节点就有几个配置文件）
container-server/{1..x}.conf	容器服务配置文件
object-server/{1..x}.conf	对象服务配置文件

其中{1..x}.conf 指的并不是一个文件，而是一系列文件。如果是两个存储节点，则会有两个文件：1.conf 和 2.conf；如果是 4 个存储节点，则会有：1.conf、2.conf、3.conf 和 4.conf 这 4 个文件。

1）Swift 顶层配置——swift.conf。

① 单机环境。

单机环境定义了一个名字是"silver"的存储策略。代码 4-8 是其定义示例。

代码 4-8　Swift 系统配置（单机环境）：/etc/swift/swift.conf

```
1    [swift-hash]
2    ......
3    [storage-policy:0]
4    name = silver
5    policy_type = replication
6    default = yes
7    ......
```

② 多机环境。

多机环境定义了一个名字是"gold"的存储策略。代码 4-9 是其定义示例。

代码 4-9　Swift 系统配置（多机环境）：/etc/swift/swift.conf

```
1    [swift-hash]
2    ......
3    [storage-policy:0]
4    name = gold
5    policy_type = replication
6    default = yes
7    ......
```

从代码 4-8 和代码 4-9 可以看出，存储策略中并没有定义副本数，而是仅仅定义了一个名称。实际上，数据的副本数是在创建环的时候才指定的。

存储策略名称与副本数的常见对应关系见表 4-7。

表 4-7　存储策略名称与副本数的常见对应关系

项	说　　明
gold	副本数为 3，系统推荐
silver	副本数为 2
copper	副本数为 1，本书自创，不进行数据冗余

2）代理服务配置——proxy-server.conf。

代理服务是存储系统与客户端的连接点，其需要两大重要信息：连接信息和认证信息。其中，连接信息是客户端连接到代理服务器的信息，包括主机 IP 和服务端口；认证信息是客户端的账户认证信息。

代码 4-10 是代理服务的配置文件内容，其中标粗部分是需要修改的部分。

代码 4-10　代理服务配置：/etc/swift/proxy-server.conf

```
1    [DEFAULT]
2    bind_ip = <static ip>
3    bind_port = 9999
```

```
4   workers = 2
5   user = swift
6   log_facility = LOG_LOCAL1
7   eventlet_debug = true
8   ……
9   [filter:slo]
10  use = egg:swift#slo
11  ……
12  max_manifest_segments = 10000
13  ……
14  [filter:tempauth]
15  use = egg:swift#tempauth
16  ……
17  user_foo_wys = 123456 .admin
18  reseller_prefix = FOO_AUTH
19  token_life = 86400
```

代码 4-10 中，第 2 行的 "bind_ip" 和第 3 行的 "bind_port" 即是代理服务的主机 IP 和服务端口。其中主机 IP 使用 "<static ip>" 作为占位符的原因是当前主机是模板虚拟机，而不是实际的对象存储服务器，所以不能设置固定 IP，而是要等到创建对象存储服务器时才能设置。

第 4 行的 "workers" 指的是代理服务的进程数，建议有多少个 vCPU 就设置多少个 worker。

第 6 行中的 log 设置与代码 4-6 中的 local1 对应。

第 12 行的 "max_manifest_segments" 用于设置静态大对象（Static Large Object，SLO）的最大分段数，默认为 1000（每段最大为 5GB）。

第 17 行用于定义用户账户，其中定义了账户 "foo:wys"，密码为 "123456"，角色为管理员（.admin）。

第 18 行用于定义代理商前缀，最终会出现在授权 Token 和存储 URL 中。

第 19 行用于定义授权 Token 的生命周期，单位为 s，86400 意味着是 24h。

（3）对象过期配置——object-expirer.conf

对象过期配置无须太多额外的配置，只要修改 "user" 项为 "swift" 即可。

代码 4-11 是其修改后的示例。

代码 4-11　对象过期配置：/etc/swift/object-expirer.conf

```
1   [DEFAULT]
2   # swift_dir = /etc/swift
3   user = swift
4   # You can specify default log routing here if you want:
```

```
5   log_name = object-expirer
6   log_facility = LOG_LOCAL6
7   log_level = INFO
8   ......
```

第 6 行中的 log 设置与代码 4-6 中的 local6 对应。

（4）容器协调配置——container-reconfiler.conf

容器协调无须太多额外的配置，只要修改 user 项为 swift 即可。

代码 4-12 是其修改后的内容示例。

代码 4-12　账户 API：/etc/swift/container-reconciler.conf

```
1   [DEFAULT]
2   # swift_dir = /etc/swift
3   user = swift
4   ......
```

（5）账户服务节点配置——account-server/{1..x}.conf

本书每台服务器上规划两个存储节点，即账户服务也将有两个节点配置文件。

代码 4-13 是节点 1 的账户服务配置文件内容。

代码 4-13　节点 1 账户服务配置：/etc/swift/account-server/1.conf

```
1   [DEFAULT]
2   devices = /srv/1/node
3   mount_check = false
4   disable_fallocate = true
5   bind_ip = <static ip>
6   bind_port = 6012
7   workers = 1
8   user = swift
9   log_facility = LOG_LOCAL2
10  recon_cache_path = /var/cache/swift
11  eventlet_debug = true
12  ......
```

其中，第 5 行“bind_ip”是服务器主机 IP。

第 6 行“bind_port”是服务端口，该值 6012 与代码 4-5 中的账户编号对应。

第 7 行的“workers”用于定义账户服务的进程数，建议各个节点的总和等于服务器的 vCPU 数量。

第 9 行中的 log 设置与代码 4-6 中的 local2 对应。

代码 4-14 是节点 2 的账户服务配置文件内容。

代码 4-14　节点 2 账户服务配置：/etc/swift/account-server/2.conf

```
1   [DEFAULT]
2   devices = /srv/2/node
3   mount_check = false
4   disable_fallocate = true
5   bind_ip = <static ip>
6   bind_port = 6022
7   workers = 1
8   user = swift
9   log_facility = LOG_LOCAL3
10  recon_cache_path = /var/cache/swift2
11  eventlet_debug = true
12  ……
```

账户服务节点 2 与节点 1 的配置项相同。差异在于服务端口和 log 设置。

（6）容器服务节点配置——container-server/{1..x}.conf

容器服务也有两个节点配置文件。代码 4-15 是节点 1 的容器服务配置文件内容。

代码 4-15　节点 1 容器服务配置：/etc/swift/container-server/1.conf

```
1   [DEFAULT]
2   devices = /srv/1/node
3   mount_check = false
4   disable_fallocate = true
5   bind_ip = <static ip>
6   bind_port = 6011
7   workers = 1
8   user = swift
9   log_facility = LOG_LOCAL2
10  recon_cache_path = /var/cache/swift
11  eventlet_debug = true
12  ……
```

其中，第 5 行 "bind_ip" 是服务器主机 IP。

第 6 行 "bind_port" 是服务端口，该值 6011 与代码 4-5 中的容器编号对应。

第 7 行的 "workers" 用于定义容器服务的进程数，建议与账户服务相同。

第 9 行中的 log 设置与代码 4-6 中的 local2 对应。

代码 4-16 是节点 2 的容器服务配置文件内容。

代码 4-16　节点 2 容器服务配置：/etc/swift/container-server/2.conf

```
1   [DEFAULT]
2   devices = /srv/2/node
3   mount_check = false
4   disable_fallocate = true
5   bind_ip = <static ip>
6   bind_port = 6021
7   workers = 1
8   user = swift
9   log_facility = LOG_LOCAL3
10  recon_cache_path = /var/cache/swift2
11  eventlet_debug = true
12  ……
```

容器服务节点 2 的与节点 1 的配置项相同。差异在于服务端口和 log 输出。

（7）对象服务节点配置——object-server/{1..x}.conf

对象服务也有两个节点配置文件。代码 4-17 是节点 1 的对象服务配置文件内容。

代码 4-17　节点 1 对象服务配置：/etc/swift/object-server/1.conf

```
1   [DEFAULT]
2   devices = /srv/1/node
3   mount_check = false
4   disable_fallocate = true
5   bind_ip = <static ip>
6   bind_port = 6010
7   workers = 1
8   user = swift
9   log_facility = LOG_LOCAL2
10  recon_cache_path = /var/cache/swift
11  eventlet_debug = true
12  ……
```

其中，第 5 行"bind_ip"是服务器主机 IP。

第 6 行"bind_port"是服务端口，该值 6010 与代码 4-5 中的容器编号对应。

第 7 行的"workers"用于定义对象服务的进程数，建议与账户服务相同。

第 9 行中的 log 设置与代码 4-6 中的 local2 对应。

代码 4-18 是节点 2 的对象服务配置文件内容。

代码 4-18　节点 2 对象服务配置：/etc/swift/object-server/2.conf

```
1   [DEFAULT]
2   devices = /srv/2/node
```

```
3    mount_check = false
4    disable_fallocate = true
5    bind_ip = <static ip>
6    bind_port = 6020
7    workers = 1
8    user = swift
9    log_facility = LOG_LOCAL3
10   recon_cache_path = /var/cache/swift2
11   eventlet_debug = true
12   ……
```

对象服务节点 2 与节点 1 的配置项相同。差异在于服务端口和 log 输出。

4.5.7　准备运行脚本

配置文件准备完毕，即可执行脚本操作。表 4-8 是几个重要脚本。

表 4-8　Swift 存储系统重要脚本

脚　　本	说　　明
remakerings	建环脚本，用于重新生成环定义文件（包括 .builder 和 .ring.gz）
resetswift	服务重置脚本，杀掉 swift 服务相关进程、重启依赖服务
startmain	主守护进程启动脚本，启动 swift 服务相关守护进程

表 4-8 中，对于建环脚本，只需在集群中的任一台主机中执行，无须全部主机都执行。环定义文件生成完毕，执行建环脚本的主机将其所生成的文件分发给其他主机，借此来同步集群中其他节点的环定义。

（1）初始化脚本

通过复制示例脚本来创建脚本：

```
mkdir -p $HOME/bin
cd $HOME/swift/doc; cp saio/bin/* $HOME/bin; cd -
chmod +x $HOME/bin/*
```

（2）修改脚本

考虑部分示例脚本过于复杂，本书对其进行了适当修改。

1）初始化建环脚本（remakerings）。

因为建环脚本涉及服务器 IP（固定 IP）的设置，所以在模板虚拟机环节，暂不予修改。

2）重置脚本（resetswift）。

代码 4-19 是重置脚本修改后的完整内容。

代码 4-19　swift 服务重置脚本：~/bin/resetswift

```
1   #!/bin/bash
2
3   set -e
4
5   swift-init all kill
6   # 清空日志目录
7   sudo rm /var/log/swift/*
8   ……
9   find /var/cache/swift* -type f -name *.recon -exec rm -f {} \;
10  #重启服务
11  if [ "`type -t systemctl`" == "file" ]; then
12      sudo systemctl restart rsyslog
13      sudo systemctl restart memcached
14  else
15      sudo service rsyslog restart
16      sudo service memcached restart
17  fi
```

代码 4-19 中，第 5 行是核心语句，用来"杀掉"所有 swift 服务进程。

其余部分则是清空日志目录（第 7 行）和重启依赖服务（第 11~17 行）。

3）主服务进程启动脚本（startmain）。

服务启动脚本，用于启动所有 swift 服务守护进程。

代码 4-20 是服务进程启动脚本。

代码 4-20　启动脚本：~/bin/startmain

```
1   #!/bin/bash
2
3   set -e
4
5   swift-init main start
```

代码 4-20 中，第 5 行是核心语句，用来启动所有服务进程。

4.5.8　提取模板虚拟机

对象存储虚拟机准备就绪后，需要将该安装成功的虚拟机当作模板，后续操作将通过克隆创建的方式实例化服务器。

4.6　准备对象存储服务器

所谓准备服务器，就是利用对象存储服务器模板，通过克隆创建的方式创建虚拟机，用来充当实际的服务器。虚拟机之间的衍生关系参见图 4-1。

4.6.1　实例化虚拟机

代码 4-21 是通过克隆创建对象存储服务器的脚本，克隆的源即是对象存储模板虚拟机，目标是新的虚拟机。该脚本有 1 个参数（$1）：目标虚拟机的名称。KVM 系统依据名称对虚拟机进行管理。

代码 4-21　克隆对象存储模板虚拟机脚本：/var/lib/libvirt/vm-os-clone.sh

```
1   #!/bin/bash
2
3   if [ $# -ne 1 ]; then
4       echo "Usage: vm-os-clone <vm-name>"
5   else
6       echo "Clone OS vm template to" $1
7
8       ## clone OS vm template os-templ to $1  ##
9       virt-clone --connect qemu:///system \
10              --original os-templ \
11              --name $1 \
12              --file /var/lib/libvirt/images/$1.qcow2
13  fi
```

代码 4-21 中，第 9 行的"virt-clone"是核心语句，用来克隆生成虚拟机。第 10 行的克隆源即是上一个步骤中准备的对象存储模板虚拟机。

克隆完毕，会生成一台新的虚拟机。该虚拟机基本完成了对象存储服务器的主要配置，后续还要进行少量配置（例如：修改主机名、绑定固定 IP 等），才能成为服务器。

需要说明的是：执行克隆操作的时候，作为克隆源的虚拟机（模板）要求是关闭状态；克隆生成的新的虚拟机默认是关闭的，且 VNC 端口默认是自动的（KVM 系统这样做的目的是防止端口冲突）。为了后续 VNC Viewer 进入新的虚拟机中，获取虚拟机动态分配的 IP，还需要修改虚拟机并指定具体的 VNC 端口。

获取新虚拟机的 IP 之后，即可用 SSH 客户端工具连接到虚拟机进行后续交互。

4.6.2　基础个性化配置

所谓个性化配置，是针对每台虚拟机的配置，而不是像模板虚拟机那样的统一配置。个性化配置内容主要包括主机名和固定IP。

（1）修改主机名

即每一台服务器都要有自己的名称。

1）修改主机名配置文件。

修改主机名配置文件"/etc/hostname"，将其内容改为目标主机名。

代码4-22是修改后的文件内容。

代码4-22　主机名配置文件：/etc/hostname

```
1   os-saio
```

2）修改主机映射配置文件。

还需修改主机映射配置文件/etc/hosts，将其中的模板虚拟机名改为目标主机名。

代码4-23是修改后的文件内容。

代码4-23　主机映射配置文件：/etc/hosts

```
1   127.0.0.1   localhost
2   127.0.1.1   os-saio
3
4   # The following lines are desirable for IPv6 capable hosts
5   ::1     localhost ip6-localhost ip6-loopback
6   ff02::1 ip6-allnodes
7   ff02::2 ip6-allrouters
```

修改完毕，重启虚拟机。

（2）设置固定IP

模板虚拟机的IP是DHCP自动分配的，经模板虚拟机所克隆出来的虚拟机的IP也是自动分配的，但服务器往往需要固定IP，所以还需要绑定固定IP。

1）获取网关。

因为设置固定IP需要网关信息，所以虚拟机重启完毕需要首先获取网关信息。通过命令行可以查看网关信息：

```
netstat -r
```

将输出以下内容：

```
Kernel IP routing table
Destination     Gateway         Genmask         Flags  MSS Window  irtt Iface
```

```
    default        172.16.10.1     0.0.0.0         UG       0 0        0 ens3
    172.16.100.0   *               255.255.254.0   U        0 0        0 ens3
```

其中网关（Gateway）列下的 IP 即为网关的 IP。

2）获取当前网络信息。

除了网关信息，设置固定 IP 还需子网掩码和广播地址，为了获取这些信息，可以先查看当前的（自动分配 IP 模式下的）网络信息：

```
ip add
```

将输出以下内容：

```
    ……
    2: ens3: <BROADCAST,MULTICAST,UP,LOWER_UP> mtu 1500 qdisc pfifo_fast
state UP group default qlen 1000
        link/ether 52:54:00:ee:30:9f brd ff:ff:ff:ff:ff:ff
        inet 172.16.10.11/23 brd 172.16.10.255 scope global ens3
            valid_lft forever preferred_lft forever
        inet6 fe80::5054:ff:feee:309f/64 scope link
            valid_lft forever preferred_lft forever
```

其中，"ens3" 是物理网卡的名字，一台服务器可能具有多个网卡。

"inet" 字样后面是 DHCP 所分配的动态 IP；紧接其后的 "/" 之后的内容即为掩码，其中 23 即 255.255.254.0；"brd" 后面为广播地址。

3）设置固定 IP。

设置固定 IP 需要修改网络接口配置文件 "/etc/network/interfaces"。

代码 4-24 是修改后的文件内容。

代码 4-24　网络接口配置文件：/etc/network/interfaces

```
1  # This file describes the network interfaces available on your system
2  # and how to activate them. For more information, see interfaces(5).
3
4  source /etc/network/interfaces.d/*
5
6  # The loopback network interface
7  auto lo
8  iface lo inet loopback
9
10 # The primary network interface
11 auto ens3
12 iface ens3 inet static
13     address 172.16.10.123
14     netmask 255.255.254.0
15     gateway 172.16.10.1
16     broadcast 172.16.10.255
```

其中第 11 行的"ens3"是网卡的物理名称。

第 13 行的地址是网卡绑定的固定 IP。

第 14 行是子网掩码，第 15 行是网关信息，第 16 行是广播信息。

设置完毕，重启网络服务或重启虚拟机：

```
systemctl restart networking
```

4.6.3　对象存储系统个性化设置

对象存储系统系统的个性化配置主要包括更新静态 IP 和修改建环脚本等依赖服务器主机 IP 的配置。

（1）更新静态 IP

在对象存储虚拟机准备环节，其中有一些配置文件由于服务器主机的 IP 还没有确定，而暂时使用"<static ip>"进行占位。现在主机 IP 已经确定，那么就需要使用 IP 替换配置文件中的占位符。表 4-9 是需要更新的配置文件列表。

表 4-9　需要更新 IP 的配置文件列表

配置文件	说　明
proxy-server.conf	
account-server/{1..x}.conf	使用实际静态 IP 替换"<static ip>"
container-server/{1..x}.conf	
object-server/{1..x}.conf	

配置文件修改完毕，需要切换到 swift 用户，修改建环脚本：

```
su - swift
```

（2）编辑建环脚本（单机环境）

对于单机环境，默认存储策略为"silver"，副本数为 2。

代码 4-25 是单机环境的初始化建环脚本的示例内容。

代码 4-25　单机环境的初始化建环脚本：~/bin/remakerings

```
1  #!/bin/bash
2
3  set -e
4
5  cd /etc/swift
6
7  rm -f *.builder *.ring.gz backups/*.builder backups/*.ring.gz
8
9  swift-ring-builder object.builder create 10 2 1
```

```
10  swift-ring-builder object.builder add r1z1-172.16.10.11:6010/sdb1 100
11  swift-ring-builder object.builder add r1z1-172.16.10.11:6020/sdb2 100
12  swift-ring-builder object.builder rebalance
13
14  swift-ring-builder container.builder create 10 2 1
15  swift-ring-builder container.builder add r1z1-172.16.10.11:6011/sdb1 100
16  swift-ring-builder container.builder add r1z1-172.16.10.11:6021/sdb2 100
17  swift-ring-builder container.builder rebalance
18
19  swift-ring-builder account.builder create 10 2 1
20  swift-ring-builder account.builder add r1z1-172.16.10.11:6012/sdb1 100
22  swift-ring-builder account.builder add r1z1-172.16.10.11:6022/sdb2 100
23  swift-ring-builder account.builder rebalance
```

代码 4-25 中创建了 3 种环：对象环（从第 9 行到第 12 行）、容器环（从第 14 行到第 17 行）和账户环（从第 19 行到第 23 行）。

其中的 "swift-ring-builder" 即建环工具，其详细用法参见第 11 章。

环的初始化创建由 3 个步骤完成：创建环构造文件、添加设备到环和重平衡环。

1）创建环构造文件。

代码中（第 9、14 和 19 行）的 "create" 子命令是创建环构造文件的核心语句。

这些语句会在 "/etc/swift" 目录中创建三个具有 2^{10} 个分区、副本数为 2、分区调整的最小时间间隔为 1（小时）的构造文件（.builder），这些文件在后续步骤中还会更新。

2）添加设备到环。

代码中（第 10、11、15、16、20 和 22 行）的 "add" 子命令是添加设备（到环）的核心语句。其中，每个环中都添加两个设备，每个设备的存储权重都是 100.0。

这些语句会更新构造文件。

3）重平衡环。

代码中（第 12、17 和 23 行）的 "rebalance" 是重平衡环的核心语句，该语句用于执行前面所有的对环结构的改变。

这些语句会生成环结构文件（.ring.gz）。

（3）编辑建环脚本（多机环境）

对于多机环境，默认存储策略为 "gold"，副本数为 3。

代码 4-26 是多机环境的初始化建环脚本的示例内容。

代码 4-26　多机环境的初始化建环脚本：~/bin/remakerings

```
1  #!/bin/bash
2
3  set -e
4
5  cd /etc/swift
```

```
 6
 7   rm -f *.builder *.ring.gz backups/*.builder backups/*.ring.gz
 8
 9   swift-ring-builder object.builder create 18 3 24
10   swift-ring-builder object.builder add r1z1-172.16.10.10:6010/sdb1 100
11   swift-ring-builder object.builder add r1z1-172.16.10.10:6020/sdb2 100
12   swift-ring-builder object.builder add r1z2-172.16.10.20:6010/sdb1 100
13   swift-ring-builder object.builder add r1z2-172.16.10.20:6020/sdb2 100
14   swift-ring-builder object.builder rebalance
15
16   swift-ring-builder container.builder create 18 3 24
17   swift-ring-builder container.builder add r1z1-172.16.10.10:6011/sdb1 100
18   swift-ring-builder container.builder add r1z1-172.16.10.10:6021/sdb2 100
19   swift-ring-builder container.builder add r1z2-172.16.10.20:6011/sdb1 100
20   swift-ring-builder container.builder add r1z2-172.16.10.20:6021/sdb2 100
21   swift-ring-builder container.builder rebalance
22
23   swift-ring-builder account.builder create 18 3 24
24   swift-ring-builder account.builder add r1z1-172.16.10.10:6012/sdb1 100
25   swift-ring-builder account.builder add r1z1-172.16.10.10:6022/sdb2 100
26   swift-ring-builder account.builder add r1z2-172.16.10.20:6012/sdb1 100
27   swift-ring-builder account.builder add r1z2-172.16.10.20:6022/sdb2 100
28   swift-ring-builder account.builder rebalance
```

代码 4-26 中也创建了 3 种环：对象环（从第 9 行到第 14 行）、容器环（从第 16 行到第 21 行）和账户环（从第 23 行到第 28 行）。

相比单机环境，多机环境的建环脚本由两个区域（zone）的服务器组成，每台服务器有两个存储节点。建环语句中的副本数为 3。

建环工具的详细用法参见第 11 章。

4.7　启动对象存储服务

所有节点主机准备就绪后，就可以启动对象存储服务了。步骤如下。
1）在其中一台主机上执行初始化建环脚本（remakerings），创建环定义文件。
2）将环定义文件分发到集群中的其他服务器上。
3）通过主服务进程启动脚本（startmain）启动服务主进程。

4.7.1　创建环定义文件

执行"remakerings"脚本可以创建环定义文件：

```
su - swift
cd $HOME
remakerings
```

语句执行后，会在"/etc/swift"目录下生成三个 builder 文件（account.builder、container.builder 和 object.builder）和三个.ring.gz 文件（account.ring.gz、container.ring.gz 和 object.ring.gz）。前者为构建文件，后者为环结构文件。

无论是对于单机环境还是多机环境，只需在一台服务器上执行初始化即可。

对于多机环境，还需将生成的环定义文件分发到集群中的其他服务器上。

4.7.2　分发环定义文件（多机环境）

为了同步环定义，只要环结构改变，就需要将更新后的环定义文件分发到其他集群主机，目标目录也是"/etc/swift"。

以下是打包环定义文件（包括构建文件和结构文件）并分发给其他主机的示例：

```
cd /etc/swift
tar -cvf rings-1231.tar *.builder *.ring.gz
scp rings-1231.tar swift@172.16.10.10:/etc/swift/rings-1231.tar
scp rings-1231.tar swift@172.16.10.20:/etc/swift/rings-1231.tar
```

分发成功之后，在目标主机中解压环定义文件：

```
tar -xvf rings-1231.tar
```

通过分发，保证了集群中所有节点的环定义是一致的。

4.7.3　启动主守护进程

环定义同步后，即可启动/重启所有主机的主服务进程。示例如下：

```
startmain
```

首次运行可能会出现以下错误：

```
liberasurecode_backend_open: dynamic linking error libJerasure.so.2:
cannot open shared object file: No such file or directory
```

只需重试"startmain"命令即可：

```
proxy-server running (23108 - /etc/swift/proxy-server.conf)
proxy-server already started...
container-server running (22900 - /etc/swift/container-server/1.conf)
```

```
container-server running (22901 - /etc/swift/container-server/2.conf)
container-server already started...
account-server running (22902 - /etc/swift/account-server/1.conf)
account-server already started...
object-server running (23052 - /etc/swift/object-server/1.conf)
object-server running (23053 - /etc/swift/object-server/2.conf)
object-server already started...
```

至此服务进程启动成功。

4.7.4 验证守护进程

可以通过查看 swift 用户的进程来检查服务进程是否启动成功：

```
ps -u swift
```

将会得到类似以下输出：

```
  PID TTY          TIME CMD
 5276 ?        00:55:31 swift-proxy-server
 5277 ?        00:54:43 swift-container-server
 5278 ?        00:55:08 swift-container-server
 5279 ?        00:55:00 swift-account-server
 5280 ?        00:54:55 swift-account-server
 5281 ?        00:54:52 swift-object-server
 5282 ?        00:55:12 swift-object-server
 5323 ?        00:00:00 swift-account-server
 5326 ?        00:00:00 swift-account-server
 5327 ?        00:00:01 swift-container-server
 5328 ?        00:00:00 swift-container-server
 5333 ?        00:00:15 swift-object-server
 5334 ?        00:00:14 swift-object-server
 5335 ?        00:00:52 swift-proxy-server
 5336 ?        00:00:26 swift-proxy-server
 8492 pts/0    00:00:00 bash
```

至此服务进程启动成功。

4.8 部署验证

Swift 系统成功启动后，可以通过客户端工具与之进行交互，进一步验证服务是否可用。

4.8.1 验证工具

验证工具包括 Swift 客户端工具、curl 工具和 Postman 工具。

（1）Swift 客户端工具

swiftclient 是 Swift 存储系统在安装过程中提供的客户端工具。所有的交互无须存储 URL 和授权 Token，有一套自定义的命令系统。

（2）curl 工具

curl 是 Linux 系统提供的命令行工具，通过 URL 与服务器进行交互。交互中至少需要提供存储 URL 和授权 Token 这两个参数。读者需要对 Linux 和 curl 工具较为熟悉。

（3）Postman 工具

Postman 是一款用于测试 Web 通信（主要是 HTTP）的工具。可在 Windows 系统中运行，操作简单，易于上手，可以视为 curl 工具的 GUI 版本。

对于工具的建议，Windows 下可选 Postman 工具，Linux 下可选 Swift 客户端工具。

4.8.2 验证过程

表 4-10 是验证用例以及不同工具的输入参数。

表 4-10 验证过程及验证工具输入说明

步　　骤	Swift 客户端工具	curl/Postman 工具
账户验证	（不适用）	账户名、密码和验证用 URL，GET 方法
获取账户信息	账户名、密码和验证用 URL	存储 URL 和授权 Token，GET 方法
创建容器	账户名、密码、验证用 URL、容器名称	存储 URL、授权 Token 和容器名称，PUT 方法
上传文件	账户名、密码、验证用 URL、容器名称、上传文件（路径）	存储 URL、授权 Token、容器名称和上传文件（路径），PUT 方法
下载文件	账户名、密码、验证用 URL、容器名称、目标文件	存储 URL、授权 Token、容器名称和目标文件，GET 方法

表 4-10 中，Swift 客户端工具较为方便，而 curl 工具复杂一些，但 Postman 工具又可以降低 curl 工具的使用复杂度，还可以保存每次的操作设置，无须重新输入。

有关 Swift 客户端工具的使用详情，可以参考第 11 章。

（1）账户验证

该过程不适用于 Swift 客户端工具。

1）curl 工具。

以下是 curl 工具与存储系统（代理服务器）交互的命令行示例：

```
curl -v -H'X-Storage-User: foo:wys' -H 'X-Storage-Pass: 123456'
    http://172.16.10.11:8888/auth/v1.0
```

其中账户名、密码和端口都源自代理服务配置文件。

以下是交互得到的反馈：

```
*   Trying 172.16.10.11...
* Connected to 172.16.10.11 (172.16.10.11) port 8888 (#0)
> GET /auth/v1.0 HTTP/1.1
> Host: 172.16.10.11:8888
> User-Agent: curl/7.47.0
> Accept: */*
> X-Storage-User: foo:wys
> X-Storage-Pass: 123456
>
< HTTP/1.1 200 OK
< X-Storage-Url: http://172.16.10.11:8888/v1/FOO_AUTH_foo
< X-Auth-Token-Expires: 75897
< X-Auth-Token: FOO_AUTH_tkd1fa6e56c7674f84a45e8b73f135f0ad
< Content-Type: text/html; charset=UTF-8
< X-Storage-Token: FOO_AUTH_tkd1fa6e56c7674f84a45e8b73f135f0ad
< Content-Length: 0
< X-Trans-Id: tx5240a9c0d30f4511a8026-005e0b4b47
< X-Openstack-Request-Id: tx5240a9c0d30f4511a8026-005e0b4b47
< Date: Tue, 31 Dec 2019 13:21:11 GMT
<
* Connection #0 to host 172.16.10.11 left intact
```

其中"X-Storage-Url"和"X-Auth-Token"即为存储 URL 和授权 Token，这两个参数在工具 curl 和 postman 的后续操作中会被引用。

需提醒读者注意的是，这两个参数值中都有"FOO_AUTH"，该值源自代理服务器配置文件中的"reseller_prefix"项。

2）Postman 工具。

图 4-5 是 Postman 工具通过用户界面与存储系统（代理服务器）交互的界面。

图 4-5 中，Postman 工具的参数设置和 curl 工具是完全一致的，得到的结果也是相同的。

（2）查看账户信息

账户信息包括账户元信息和该账户下的容器列表。

1）Swift 客户端工具。

以下是 Swift 客户端工具请求查看当前账户信息的命令行：

```
swift -A http://172.16.10.11:8888/auth/v1.0 -U foo:wys -K 123456 stat
```

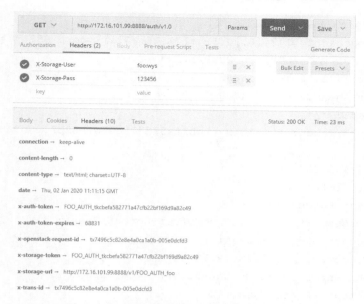

图 4-5　Postman 获取存储 Url 和授权 Token

其中 URL 和账户信息等参数和前面的账户验证是一样的。而"stat"是客户端工具所定义的子命令之一，用于显示账户、容器和对象的信息。

以下是 Swift 客户端请求账户信息的反馈：

```
                    Account: FOO_AUTH_foo
                 Containers: 2
                    Objects: 1
                      Bytes: 12
 Containers in policy "silver": 2
    Objects in policy "silver": 1
      Bytes in policy "silver": 12
        X-Openstack-Request-Id: txf8d4bc845b2f41feb2bf9-005e0dcedd
             Accept-Ranges: bytes
               X-Timestamp: 1577788039.00016
                 X-Trans-Id: txf8d4bc845b2f41feb2bf9-005e0dcedd
              Content-Type: application/json; charset=utf-8
```

其中账户名的前缀也与授权 Token 的相同。

2）curl 工具。

账户验证通过后，curl 及 Postman 工具将使用验证返回的存储 URL 和授权 Token 来调用后续接口。以下是 curl 获取账户信息的命令行：

```
curl -v -H 'X-Auth-Token:FOO_AUTH_tkd1fa6e56c7674f84a45e8b73f135f0ad'
     http://172.16.10.11:8888/v1/FOO_AUTH_foo
```

以下是输出内容：

```
*   Trying 172.16.10.11...
* Connected to 172.16.10.11 (172.16.10.11) port 8888 (#0)
> GET /v1/FOO_AUTH_foo HTTP/1.1
> Host: 172.16.10.11:8888
> User-Agent: curl/7.47.0
> Accept: */*
> X-Auth-Token: FOO_AUTH_tkcbefa582771a47cfb22bf169d9a82c49
>
< HTTP/1.1 200 OK
< Content-Length: 17
< Accept-Ranges: bytes
< X-Account-Storage-Policy-Silver-Object-Count: 1
< X-Account-Object-Count: 1
< X-Timestamp: 1577788039.00016
< X-Account-Storage-Policy-Silver-Bytes-Used: 12
< X-Account-Bytes-Used: 12
< X-Account-Container-Count: 2
< Content-Type: text/plain; charset=utf-8
< X-Account-Storage-Policy-Silver-Container-Count: 2
< X-Trans-Id: txe42c908aefa94722b10a0-005e0de39d
< X-Openstack-Request-Id: txe42c908aefa94722b10a0-005e0de39d
< Date: Thu, 02 Jan 2020 12:35:41 GMT
<
foo-test
fs-test
* Connection #0 to host 172.16.10.11 left intact
```

其中，上面部分是账户信息的元数据，而下面部分则是该账户下的容器列表。

3）Postman 工具。

图 4-6 是 Postman 工具请求账户信息，得到容器列表的界面。

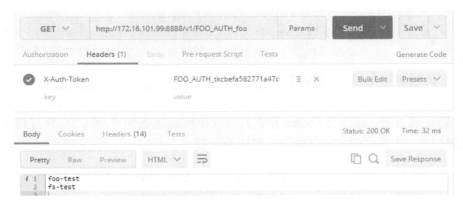

图 4-6　Postman 获取账户信息

图 4-6 中，账户元数据在头部信息（Headers）中，而容器列表在主体信息（Body）中。

（3）在账户下创建容器

容器是对象的命名空间，要创建对象必须先创建容器。

1）Swift 客户端工具。

以下是 Swift 客户端工具创建容器的命令行：

```
swift -A http://172.16.10.11:8888/auth/v1.0 -U foo:wys -K 123456
    post foo-test
```

其中，"post" 命令用于创建容器，"foo-test" 则是所要创建的容器名。

2）curl 工具

创建容器需要 PUT 方法，以下是 curl 工具创建容器的命令行：

```
curl -v -X PUT -H 'X-Auth-Token:
    FOO_AUTH_tkd1fa6e56c7674f84a45e8b73f135f0ad'
    http://172.16.10.11:8888/v1/FOO_AUTH_foo/fs-test
```

其中，"fs-test" 是容器名，该 URL 是典型的 RESTful 格式。命令反馈内容如下：

```
*   Trying 172.16.10.11...
* Connected to 172.16.10.11 (172.16.10.11) port 8888 (#0)
> PUT /v1/FOO_AUTH_foo/fs-test HTTP/1.1
> Host: 172.16.10.11:8888
> User-Agent: curl/7.47.0
> Accept: */*
> X-Auth-Token: FOO_AUTH_tkd1fa6e56c7674f84a45e8b73f135f0ad
>
< HTTP/1.1 201 Created
< Content-Length: 0
< Content-Type: text/html; charset=UTF-8
< X-Trans-Id: txfae6ad0eed52425aa2f09-005e0b50a2
< X-Openstack-Request-Id: txfae6ad0eed52425aa2f09-005e0b50a2
< Date: Tue, 31 Dec 2019 13:44:02 GMT
<
* Connection #0 to host 172.16.10.11 left intact
```

返回码为 201 表示容器创建成功。

3）Postman 工具。

略。

（4）查看容器信息

容器信息包括容器元信息和该容器中的对象列表。

1）Swift 客户端工具。

以下是 Swift 客户端工具查看容器信息的命令行：

```
swift -A http://172.16.10.11:8888/auth/v1.0 -U foo:wys -K 123456
    stat foo-test
```

反馈内容如下：

```
            Account: FOO_AUTH_foo
          Container: foo-test
            Objects: 1
              Bytes: 12
           Read ACL:
          Write ACL:
            Sync To:
           Sync Key:
      Accept-Ranges: bytes
     X-Storage-Policy: silver
      Last-Modified: Tue, 31 Dec 2019 13:15:06 GMT
        X-Timestamp: 1577788039.05069
         X-Trans-Id: tx31bc179cfc67475eaf416-005e0de4fe
X-Openstack-Request-Id: tx31bc179cfc67475eaf416-005e0de4fe
       Content-Type: application/json; charset=utf-8
```

2）curl 工具。

以下是 curl 工具查看容器信息的命令行：

```
curl -v -X PUT -H 'X-Auth-Token:
    FOO_AUTH_tkd1fa6e56c7674f84a45e8b73f135f0ad'
    http://172.16.10.11:8888/v1/FOO_AUTH_foo/fs-test
```

以下是反馈内容：

```
*   Trying 172.16.10.11...
* Connected to 172.16.10.11 (172.16.10.11) port 8888 (#0)
> GET /v1/FOO_AUTH_foo/foo-test HTTP/1.1
> Host: 172.16.10.11:8888
> User-Agent: curl/7.47.0
> Accept: */*
> X-Auth-Token: FOO_AUTH_tkcbefa582771a47cfb22bf169d9a82c49
>
< HTTP/1.1 200 OK
< Content-Length: 9
< X-Container-Object-Count: 1
< X-Timestamp: 1577788039.05069
```

```
< Accept-Ranges: bytes
< X-Storage-Policy: silver
< Last-Modified: Tue, 31 Dec 2019 13:15:06 GMT
< X-Container-Bytes-Used: 12
< Content-Type: text/plain; charset=utf-8
< X-Trans-Id: txf87aeeed5a864664be403-005e0de57e
< X-Openstack-Request-Id: txf87aeeed5a864664be403-005e0de57e
< Date: Thu, 02 Jan 2020 12:43:42 GMT
<
test.txt
* Connection #0 to host 172.16.10.11 left intact
```

其中，上面部分是容器信息的元数据，而下面部分则是该容器中的对象名列表。

（5）上传文件

通过上传文件可创建对象，文件数据是常见的对象内容。

1）Swift 客户端工具。

上传文件需用到"upload"命令，以下是 Swift 客户端工具上传文件的命令行：

```
swift -A http://172.16.10.11:8888/auth/v1.0 -U foo:wys -K 123456
    upload foo-test test.txt
```

其中"foo-test"是目标容器，而"test.txt"则是本地文件路径。

上传成功，将输出所上传的对象名。

2）curl 工具。

以下是 curl 工具上传文件的命令行：

```
curl -v -T "bridged.xml" -H 'X-Auth-Token:
    FOO_AUTH_tkcbefa582771a47cfb22bf169d9a82c49'
    http://172.16.10.11:8888/v1/FOO_AUTH_foo/foo-test/bridge.xml
```

其中，"-T"用来指示上传的文件。输出如下：

```
*   Trying 172.16.10.11...
* Connected to 172.16.10.11 (172.16.10.11) port 8888 (#0)
> PUT /v1/FOO_AUTH_foo/foo-test/bridge.xml HTTP/1.1
> Host: 172.16.10.11:8888
> User-Agent: curl/7.47.0
> Accept: */*
> X-Auth-Token: FOO_AUTH_tkcbefa582771a47cfb22bf169d9a82c49
> Content-Length: 90
> Expect: 100-continue
>
< HTTP/1.1 100 Continue
```

```
* We are completely uploaded and fine
< HTTP/1.1 201 Created
< Last-Modified: Thu, 02 Jan 2020 13:00:46 GMT
< Content-Length: 0
<Etag: a1e436348b9e30245107df27e0982323
< Content-Type: text/html; charset=UTF-8
< X-Trans-Id: tx22bf49fad32d420191be7-005e0de97d
< X-Openstack-Request-Id: tx22bf49fad32d420191be7-005e0de97d
< Date: Thu, 02 Jan 2020 13:00:45 GMT
<
* Connection #0 to host 172.16.10.11 left intact
```

其中响应码 201 表示对象创建成功。

（6）查看对象信息

1）Swift 客户端工具。

Swift 客户端工具还是使用子命令"stat"来查看对象的信息：

```
swift -A http://172.16.10.11:8888/auth/v1.0 -U foo:wys -K 123456
    stat foo-test test.txt
```

以下是反馈内容：

```
           Account: FOO_AUTH_foo
         Container: foo-test
            Object: test.txt
      Content Type: text/plain
    Content Length: 12
     Last Modified: Tue, 31 Dec 2019 13:15:06 GMT
ETag: a2ef74a76b2bfcfe14817a27c511759c
        Meta Mtime: 1577788253.186800
     Accept-Ranges: bytes
       X-Timestamp: 1577798105.24073
       X-Trans-Id: txca798b632f614be4b8d12-005e0de698
X-Openstack-Request-Id: txca798b632f614be4b8d12-005e0de698
```

2）curl 工具。

以下是 curl 工具显示对象信息的命令行：

```
curl -v -H 'X-Auth-Token: FOO_AUTH_tkcbefa582771a47cfb22bf169d9a82c49'
    http://172.16.10.11:8888/v1/FOO_AUTH_foo/foo-test/bridge.xml
```

以下是反馈输出：

```
*   Trying 172.16.10.11...
```

```
* Connected to 172.16.10.11 (172.16.10.11) port 8888 (#0)
> GET /v1/FOO_AUTH_foo/foo-test/bridge.xml HTTP/1.1
> Host: 172.16.10.11:8888
> User-Agent: curl/7.47.0
> Accept: */*
> X-Auth-Token: FOO_AUTH_tkcbefa582771a47cfb22bf169d9a82c49
>
< HTTP/1.1 200 OK
< Content-Length: 90
< Accept-Ranges: bytes
< Last-Modified: Thu, 02 Jan 2020 13:00:46 GMT
<Etag: a1e436348b9e30245107df27e0982323
< X-Timestamp: 1577970045.58131
< Content-Type: application/xml
< X-Trans-Id: tx8741b8005de4498ab51e2-005e0de9cd
< X-Openstack-Request-Id: tx8741b8005de4498ab51e2-005e0de9cd
< Date: Thu, 02 Jan 2020 13:02:05 GMT
<
<network>
<name>br0</name>
<forward mode="bridge"/>
<bridge name="br0"/>
</network>
* Connection #0 to host 172.16.10.11 left intact
```

其中上面部分即是对象的元数据，下面部分则是对象的内容。

（7）下载文件

下载文件即获取对象的内容（数据本身），并保存为本地文件。

1）Swift 客户端工具。

Swift 客户端工具使用子命令"download"来下载对象内容：

```
swift -A http://172.16.10.11:8888/auth/v1.0 -U foo:wys -K 123456
    download foo-test test.txt
```

其中"foo-test"是目标容器，而"test.txt"是对象名。

下载成功，将输出所下载的对象名。

2）curl 工具。

以下是 curl 工具显示对象信息的命令行：

```
curl -v -H 'X-Auth-Token: FOO_AUTH_tkcbefa582771a47cfb22bf169d9a82c49'
    http://172.16.10.11:8888/v1/FOO_AUTH_foo/foo-test/test.txt >
    test.txt.backup
```

以下是反馈输出：

```
*   Trying 172.16.10.11...
  % Total    % Received % Xferd  Average Speed   Time    TimeTime
CurrentDload  Upload   Total   Spent    Left  Speed
    0    0    0    0    0    0    0    0 --:--:-- --:--:-- --:--:--     0*
Connected to 172.16.10.11 (172.16.10.11) port 8888 (#0)
> GET /v1/FOO_AUTH_foo/foo-test/test.txt HTTP/1.1
> Host: 172.16.10.11:8888
> User-Agent: curl/7.47.0
> Accept: */*
> X-Auth-Token: FOO_AUTH_tkcbefa582771a47cfb22bf169d9a82c49
>
< HTTP/1.1 200 OK
< Content-Length: 33
< Accept-Ranges: bytes
< Last-Modified: Thu, 02 Jan 2020 12:59:36 GMT
<Etag: 54ceec3dd8e46e1e39a044b9ed7c5bb1
< X-Timestamp: 1577969975.13867
< Content-Type: text/plain
< X-Trans-Id: txe7c8596a4beb4be29936f-005e0deab5
< X-Openstack-Request-Id: txe7c8596a4beb4be29936f-005e0deab5
< Date: Thu, 02 Jan 2020 13:05:57 GMT
<
{ [33 bytes data]
100    33  100    33    0    0   1489      0 --:--:-- --:--:-- --:--:--  1500
* Connection #0 to host 172.16.10.11 left intact
```

查看所下载的文件内容如下：

```
root@kvm-host:~# cat test.txt.backup
HELLO
hello
hello, world!
Python
```

4.9　优化及调整

在搭建过程中，涉及优化调整的内容主要包括：服务进程数、新增内置账户、设置授权 Token 的时效和网络超时设置等。

注意：有关虚拟机配置的调整不在此列，可参见第 5 章。

4.9.1　服务进程数调整

即对代理服务、账户服务、容器服务和对象服务的服务进程数进行调整。

表 4-11 是涉及服务进程数调整的配置文件。

表 4-11　涉及服务进程数调整的配置文件

项	说　明
proxy-server.conf	代理服务配置
account-server/{1..x}.conf	账户服务配置文件
container-server/{1..x}.conf	容器服务配置文件
object-server/{1..x}.conf	对象服务配置文件

配置文件中的"workers"即是服务进程数的设置。

对于服务进程数的配置原则是总数（分节点之和）不大于 vCPU 数量。

4.9.2　新增内置账户

内置账户在代理服务器配置文件中设置。示例如代码 4-27 所示。

代码 4-27　内置账户设置：/etc/swift/proxy-server.conf

```
1    [filter:tempauth]
2    ……
3    user_foo_wys = 123456 .admin
4    reseller_prefix = FOO_AUTH
```

代码 4-27 中，第 3 行即是内置账户的设置，其格式如下：

> user_<账户名>_<用户名>=<用户口令>[<用户角色 1><用户角色 2>]

角色在示例配置文件中有两种：

- .admin：管理员。
- .reseller_admin：代理商。

另外，为了区分账户的归属，还可以设置前缀（第 4 行）。那么账户的全名即是：前缀_<账户名>。可参见验证过程中账户信息的输出。

4.9.3　设置授权 Token 的时效

代理服务配置文件中的"token_life"项可用来设置授权 Token 的时效（从本次更新到下一次更新的时间间隔），其单位是秒（s）。

适当延长授权 Token 对于测试比较有利（可以长时间不用修改 Token 参数），但对于生产环境不建议过长，1h 即可（3600s）。

4.9.4　网络超时设置

代理服务配置文件中的"node_timeout"项（"[DEFAULT]段下"）可用来设置数据传输超时，单位为 s。该值默认为 3（s）。

当通信网络状况不太好时，该设置对通信效果会有一定改善。但不能把这种手段当成对糟糕的网络状况的容忍。

4.10　结语：开启云存储之门

本章是搭建基于 Swift 的对象存储系统的核心。通过本章，读者才得以看到对象存储系统的"庐山真面目"。希望读者通过本章能够掌握以下技能。

1）熟悉基于 KVM 系统的虚拟机管理，主要包括：创建和克隆虚拟机以及虚拟机的常规运维（启动、关停和删除）。

2）熟悉专有存储分区的准备，主要包括：虚拟机存储容量的扩展和 LVM 机制。

3）能够搭建单机环境（副本数为 1 或 2 均可）的对象存储系统。

4）能够搭建多机环境（节点数为 2～3，副本数为 3）的对象存储系统。

5）使用 Swift 客户端工具对 3）或 4）所搭建的环境进行验证。

第 5 章　存储系统的扩展

5.1　系统扩展的"套路"

对于系统扩展，读者可能经常听到两种模式：纵向扩展和横向扩展。对于集群系统，纵向扩展（Scale-up）指的是从节点的层面，通过扩展个体的能力来加强集群的能力，例如：给主机加内存、硬盘等；横向扩展（Scale-out）是指从结构的层面，通过扩展节点数量来提升集群的能力，例如增加新机器、淘汰老旧主机等。

图 5-1 是集群系统通过纵向和横向两种方式进行扩展的示意。

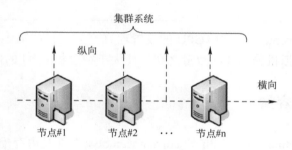

图 5-1　集群系统扩展模式

显而易见，横向扩展要比纵向扩展更有优势。不仅如此，一个系统是否支持横向扩展已经成为衡量该系统是否具备扩展性的一个重要指标。

第 4 章中所搭建的存储系统，从结构上也支持横向扩展，即支持主机（节点）的动态新增和淘汰。不仅如此，还支持纵向扩展，两种扩展模式相结合，让整个系统的扩展性变得更强，更能够适应外部需求的变化。

5.2　纵向扩展：动态扩展虚拟机的能力

存储系统的节点都是通过克隆模板所生成的虚拟机，对于代表其能力的项：CPU、内存和存储都可以进行动态的调整，这也正是虚拟化技术的优势之所在。

5.2.1 扩展 CPU 的能力

对于虚拟机，CPU 的扩展主要体现在扩展 vCPU 的数量。通过 KVM 的虚拟机编辑机制即可调整 vCPU 的数量。在宿主机中通过命令行编辑目标主机：

```
virsh edit os100
```

其中"os100"为目标主机的虚拟机名称，KVM 按名称对虚拟机进行管理。

代码 5-1 是虚拟机配置项的内容。

代码 5-1 修改虚拟机配置项

```
1   <domain type='kvm'>
2   <name>os-100</name>
3   <uuid>60dc9ae6-bd6c-408b-8b63-faf7ff8796a7</uuid>
4   <memory unit='KiB'>2097152</memory>
5   <currentMemory unit='KiB'>2097152</currentMemory>
6   <vcpu placement='static'>2</vcpu>
7   ……
```

代码 5-1 中，"<vcpu>"即为 vCPU 的设置项。

原则上，所有虚拟机的 vCPU 数量之和不能大于宿主机 CPU 的内核数。

5.2.2 扩展内存的容量

代码 5-1 中，"<memory>"和"<currentMemoty>"都是内存配置，其单位是 KB。一般情况下，这两项设置为相同即可。

原则上，所有虚拟机的内存之和不能大于宿主机的内存数。

5.2.3 扩展存储的空间

虚拟机存储空间的大小不能简单地通过修改虚拟机的配置来完成，而是需要通过虚拟机磁盘管理工具来调增。

在第 4 章已经介绍了如何准备专用存储分区。在这里，介绍的重点是在已有存储分区的基础上，如何扩展存储。

（1）扩展思路

此处存储空间的扩展并不是我们通常理解的扩展方式——加硬盘，而是虚拟机的存储空间的扩展。

对于全部虚拟机，无论是系统分区还是存储专用分区，都是源于宿主机；即所有虚拟机的分区，以及尚未分配的空间，构成了宿主机的存储池，如图 5-2 所示。

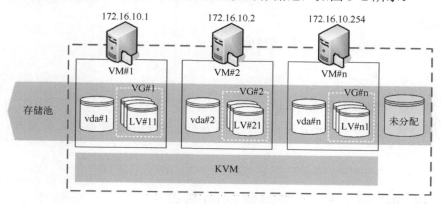

图 5-2　宿主机的存储结构

和专用存储分区的准备一样，也是通过扩展虚拟机镜像，并将所扩展的存储空间划分成一个独立的分区，再通过 LVM 机制将新增的分区作为物理卷（PV）加入到卷组（VG）中，最后将所增加的 PV 空间扩展到已有的逻辑卷（LV）。

初始化专用存储分区和扩展存储空间对于卷组和逻辑卷的操作方式不同，前者是创建（create）新增，后者是扩展（extend）增加。

（2）扩展虚拟机镜像

扩展虚拟机镜像文件的操作以及要求在第 4 章已经详细介绍，在此不予赘述。

（3）创建分区

创建分区的操作以及要求在第 4 章已经详细介绍，在此不予赘述。

（4）逻辑卷管理（LVM）

按扩展方式进行逻辑卷管理的操作可参见第 10 章，在此不予详述。

对于逻辑卷管理的设置过程，需要注意以下两点。

1）使用卷组（VG）中全部的空闲空间（100%FREE）来扩展逻辑卷（LV）。

2）逻辑卷组扩展后需要扩展文件系统（用"xfs_growfs"命令）。

5.2.4　验证

对于纵向扩展的结果验证，可以从两个方面着手：扩展节点的能力和对集群服务的影响。

（1）目标节点的能力是否扩展

1）CPU 的能力。

可通过查看 CPU 信息来检查 vCPU 的数量：

```
egrep -o '(physical id)' /proc/cpuinfo
```

2）内存的容量。

可通过"free"命令来查看内存占用情况：

```
free -h
```

3）存储空间。

可通过"df"命令来查看文件系统的情况。

```
df -h
```

（2）是否影响集群服务能力

对于服务能力的影响评估，可以结合第 4 章中所安装的性能监测工具展开。在此不予展开。

5.3 横向扩展：动态调整集群的节点

5.3.1 扩展思路

在第 4 章，通过比对单机环境和多机环境，可以看出：Swift 存储系统是通过分发环定义文件来实现多台主机的协同服务的，其核心主要体现在建环环节。

实际上，Swift 存储系统是不区分所谓的静态或动态部署的，之所以要区分静态和动态，是为了让读者逐步了解存储系统的部署过程。而静态和动态的区别也主要在建环过程：静态部署中加入到环中的服务器数量是固定的、静态的；动态部署中是不确定的，后期会增加或淘汰。

所以 Swift 存储系统的横向扩展可以概括为三点：新增节点、重平衡环、同步所有节点的环定义。图 5-3 是存储系统的横向扩展示意。

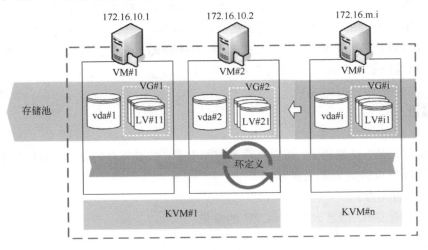

图 5-3　存储系统的横向扩展

通过对比图 5-2 不难看出，图 5-3 中存储池的范围更大：既可以是同一个虚拟机管理系统的存储设备，还可以包含不同虚拟机管理系统的存储设备。而且，只要集群系统的节点发生变化，必须更新环定义，且所有节点共享更新后的环定义。

5.3.2 新增节点

（1）服务器准备

按第 4 章中"准备对象存储服务器"环节，准备好新的虚拟机。

（2）添加设备到环

由于构建文件已经存在，所以无须再创建构建文件，只需添加设备到环，并重平衡环。代码 5-2 即为添加设备到已有环的脚本。

注意：重平衡环的操作，不是在新添加的主机上，而是在原有的节点主机上进行。

代码 5-2 动态添加节点

```
1   swift-ring-builder object.builder add r1z2-172.16.10.30:6010/sdb1 100
2   swift-ring-builder object.builder add r1z2-172.16.10.30:6020/sdb2 100
3   swift-ring-builder object.builder rebalance
4
5   swift-ring-builder container.builder add r1z2-172.16.10.30:6011/sdb1 100
6   swift-ring-builder container.builder add r1z2-172.16.10.30:6021/sdb2 100
7   swift-ring-builder container.builder rebalance
8
9   swift-ring-builder account.builder add r1z2-172.16.10.30:6012/sdb1 100
10  swift-ring-builder account.builder add r1z2-172.16.10.30:6022/sdb2 100
11  swift-ring-builder account.builder rebalance
```

代码 5-2 中，也涉及 3 种环：对象环（从第 1 行到第 3 行）、容器环（从第 5 行到第 7 行）和账户环（从第 9 行到第 11 行）。

其主要的动作是：将新的主机加入（"add"）到已有的环中，再重平衡环（"rebalance"）。脚本执行后，会更新构建文件（.builder）和环结构文件（.ring.gz）。

有关建环工具"swift-ring-builder"使用的，参见第 11 章。

（3）分发环定义文件

对于环定义文件的分发，可参见第 4 章。

（4）重启服务

环定义文件分发完毕，需要重启全部服务进程。

（5）验证

验证重点可从两个方面着手：新增节点的服务是否可用以及对集群服务能力的影响。

1）新增节点的服务是否可用。

对于新增节点的服务验证，可参见第 4 章。

2）对集群服务能力的影响。

对于服务能力的影响评估，可以结合第 4 章中所安装的性能监测工具展开。

5.3.3　淘汰节点

虽然建环工具有移除（"remove"）命令，但主要用于发生故障的设备（非计划的）。对于计划淘汰的设备，不建议直接使用。而是建议先逐步降低设备的权重（"weight"），直至为 0.0，最后再使用移除命令将设备从环中彻底移除。

在逐步调低设备存储权重的过程中，Swift 系统会逐步减少或停止向该设备写入数据，从而不再产生增量数据。这个过程给 Swift 系统提供了充足的过渡时间，从而保证淘汰设备的平稳退出。

对于移除设备中关联的数据，复制器会负责复制新的副本数据。

无论是调整权重还是最终移除设备，都需要重平衡环之后才生效。

（1）调整存储节点的权重

代码 5-3 是调整设备存储权重的示例脚本。

代码 5-3　调整设备存储权重

```
1  swift-ring-builder object.builder \
2                     set_weight r1z1-172.16.10.11:6010/sdb1 80
3  swift-ring-builder container.builder \
4                     set_weight r1z1-172.16.10.11:6011/sdb1 80
5  swift-ring-builder account.builder \
6                     set_weight r1z1-172.16.10.11:6012/sdb1 80
7
8  swift-ring-builder object.builder rebalance
9  swift-ring-builder container.builder rebalance
10 swift-ring-builder account.builder rebalance
```

代码 5-3 中，设备存储权重的调整，需要同时面向三层结构（账户、容器和对象）。调整权重之后需要重平衡环。

代码中，权重调整的粒度是存储设备，实际上，粒度还可以是主机。脚本示例如下：

```
swift-ring-builder object.builder set_weight r1z1-172.16.10.11 80
```

这样可以批量设置目标主机中的存储设备的权重。

（2）从环中移除存储设备

代码 5-4 是从环中移除存储设备的示例脚本。

代码 5-4　从环中移除存储设备

```
1  swift-ring-builder object.builder remove r1z1-172.16.10.11:6010/sdb1
2  swift-ring-builder container.builder remove r1z1-172.16.10.11:6011/sdb1
```

```
3   swift-ring-builder account.builder remove r1z1-172.16.10.11:6012/sdb1
4
5   swift-ring-builder object.builder rebalance
6   swift-ring-builder container.builder rebalance
7   swift-ring-builder account.builder rebalance
```

代码 5-4 中，移除存储设备也需要同时面向三层（账户、容器和对象），移除后也需要重平衡环。

同样地，移除操作的粒度也可以是主机。脚本示例如下：

```
swift-ring-builder object.builder remove r1z1-172.16.10.11
```

这样可以批量移除目标主机中的存储设备。

（3）分发环定义文件

调整设备存储权重，修改环数据结构，需要重新分发环定义文件。

（4）重启服务

环定义文件分发完毕，需要重启全部服务进程。

（5）验证

验证的重点主要在于历史数据是否仍然可用以及对集群服务能力的影响。

1）历史数据是否仍然可用。

可以通过切换可用的代理服务器来访问所淘汰主机中的历史数据来验证。

具体验证方法，可参见第 4 章。

2）对集群服务能力的影响。

对于服务能力的影响评估，可以结合第 4 章中所安装的性能监测工具展开。

5.4　结语：让存储系统"保先"

本章是在对象存储系统已经运转起来的基础上，针对如何保持系统的先进性（"保先"）所进行的实践。该实践对于提高存储系统的可用性具有重大意义。

希望读者通过本章能够掌握以下技能。

1）能够对存储系统进行纵向扩展，包括：CPU、内存和存储容量的扩增。

2）能够对存储系统进行横向扩展，主要是新增节点。

3）使用 Swift 客户端工具对 1）或 2）中扩展后的影响进行验证。

第6章　存储系统集成方案

6.1　存储系统集成的用例

存储系统对于应用而言是"黑盒"：不用操心其内部运作，而只需关注如何使用它来存取数据。存数据，就是向存储系统推送数据；而取数据，就是从存储系统拉取数据。看似简单，而实际上其中还是"暗藏玄机"。

图6-1是存放数据的用例，图6-2则是获取数据的用例。

图6-1　存放数据的用例　　　　　　图6-2　获取数据的用例

图6-1中，对于数据的存放（写入），主要考虑因素是数据量的大小，如果数据量较大，则需要考虑分段、并行等手段。

图6-2中，对于数据的获取（读取），主要考虑因素有三点。

1）数据量。和存放一样，如果数据量较大，则需要考虑分段、并行等方式。

2）范围。即读取的数据是全部还是部分，两种场景的实现方式有所不同。

3）用途。即将获取的数据反馈给客户端的时候，需要考虑其用途因素，以便添加相关用途信息，例如：图片的下载与展示，虽然所返回的内容都是一样的，但图片下载所返回的报文中存在特定的头部信息，用来指示其用途。

以上这些情形，对于不同的应用类型，应用的侧重点有所不同。

本章将介绍 Swift 存储系统与 B/S 和 C/S 类型的应用的集成。

6.2　B/S 应用与存储系统的集成方案

6.2.1　方案架构

首先，囿于 B/S 应用的场景（标准浏览器作为客户端），无论存放（上传）还是获取

（下载）数据，其数据量都不宜过大。如果涉及的数据量较大的话，就需要考虑 C/S 类型的应用，以规避大数据量传输可能带来的连接超时的风险。

　　B/S 应用中，客户端（浏览器）、Web 服务器和存储系统构成了简单的三层架构，如图 6-3 所示。其中 Web 服务器似乎充当了代理的角色：把客户端（浏览器）上传的内容推送给存储系统，再把从存储系统获取的数据转发给客户端。

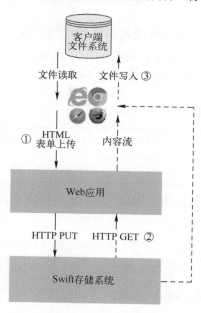

图 6-3　B/S 应用集成方案

对于图 6-3，可以简单理解为常见的通过网页上传文件和下载文件。

6.2.2　方案要点

图 6-3 中，数值序号标注的是需要关注的节点，详情见表 6-1。

表 6-1　B/S 应用与存储系统的集成方案关注点

序　号	节　　点	情　　形
①	HTML 表单上传	前端页面交互 Web 服务端解析上传内容（multipart） 解析内容存入对象存储系统
②	Web 应用从存储系统获取数据	需要依据业务场景进行区分： （1）如果需要安全控制，则使用 Web 服务器代理 （2）如果不需要安全控制，则直接访问存储系统
③	浏览器将获取数据保存到文件系统	文件下载 文件（图片）渲染

在 B/S 应用中，一般不会出现大数据量的应用场景，而主要是小数据量、展示用（③）；又因为其涉及互联网接入，存在一定的安全方面的考虑，所以会涉及编码/解码（①）、访

问验证（②）等环节。

6.2.3 技术实现思路

以下是针对方案中的技术要（难）点进行的分析。

（1）上传内容的解析

在 Web 页面通过表单上传是 B/S 应用中最常用的上传方法，该方式遵照 RFC 1867 规范，使用 POST 方法提交 HTTP 请求，内容编码方式为"multipart/form-data"。

代码 6-1 是常见的通过表单上传文件的代码。

代码 6-1　表单上传文件

```
1  <form method="POST" ENCTYPE="multipart/form-data" action="upload.do">
2      <input type="file" multiple />
3  </form>
```

代码 6-1 中，"action"指示的是 Web 服务端应用提供的接口，用于接收并解析上传内容。对于上传内容的解析，建议采用已有组件。

推荐使用 Apache 公共文件上传组件（Commons FileUpload），其最新版本为 1.4，需要 JDK 1.6 及更高版本支持。代码 6-2 是 Web 服务端应用解析删除内容的框架代码。

代码 6-2　Web 服务端应用解析删除内容的框架

```
1  ......
2  //创建文件上传处理器
3  ServletFileUpload upload = new ServletFileUpload();
4  ......
5  //开始解析请求
6  try {
7      FileItemIteratoriter = upload.getItemIterator(request);
8
9      while (iter.hasNext()) {
10
11         FileItemStream item = iter.next();
12         final String name = item.getFieldName();
13
14         if (item.isFormField()) { //表单项、非文件项
15             ......
16         } else { //文件项、且不为空
17             InputStream is = item.openStream();
18             ......
19         }
```

```
20          }
21    }……
```

从代码 6-2 中不难看出，上传内容主要包含两类内容：表单项和文件项。其中表单项即是通过文本、复选框等输入组件所填写的项；而文件项即是通过文件组件（代码 6-1 中）所上传的文件内容，通过流的方式可读取内容（二进制）。

（2）解析结果的保存

服务端解析获取所上传的文件内容（字符串），再遵照 Swift 存储系统提供的 API 标准，通过 HTTP 通信，将内容（数据）推送到存储系统，并将存储信息和上传信息作为上传记录保存到数据库中。

上传记录的信息项应该包括：源文件名、保存在对象存储系统的路径、上传时间戳、关联的业务 ID、批次号（批量上传）、在批次中的序号等。

对于路径，建议是相对路径（不含容器名），对于验证 URL、账户信息和容器名称可以单独保存。

（3）Web 服务器代理获取数据

通过 Web 服务器代理获取数据，即：首先由客户端（浏览器）向 Web 服务端应用发起请求，服务端应用遵照 Swift 存储系统提供的 API 标准，通过 HTTP 通信，从存储系统获取数据（二进制字节），再将数据内容以文件流的方式反馈给客户端（浏览器）。在这个过程中，所有的数据流都需要经过 Web 服务器中转。

该方式的明显缺点是会加重 Web 服务器的负担，优点是可以对数据的访问控制进行集中管理。

（4）直接从存储系统获取数据

上述通过 Web 浏览器中转的方式会加重 Web 服务器的负担。而实际上，Swift 存储系统提供了"直接对象访问"的机制，即客户端可以直接通过资源 URL 来访问存储系统上的资源（前提是该资源没有访问限制）。

（5）文件的下载

文件的下载并不是简单的文件流的反馈。例如：还需要指定下载文件名（RFC 2183）。文件的下载还涉及修改 HTTP 头部信息。代码 6-3 是文件下载输出的关键代码。

代码 6-3　文件下载输出的关键代码

```
1   response.reset();
2   response.addHeader("Content-Length", ""+CONTENT_LENGTH);
3   //http header 头要求其内容必须为 ISO-8859-1 编码，所以我们最终要把其编码为
4   //ISO-8859-1 编码的字符串；
5   response.addHeader("Content-Disposition",
6                "attachment; filename=\""+filenameDecode+"\"");
7   response.addHeader("content-type",
8                "application/octet-stream; charset=utf-8");
9   //得到输出流句柄、输出字节流
```

```
10   sos = response.getOutputStream();
11   ……
```

代码 6-3 中，区分是下载还是普通文件流的关键是设置"Content-Disposition"头信息，且其值的编码必须为 ISO-8859-1，而不是 UTF-8（否则下载文件名会显示成乱码）。

（6）图片的渲染

图片的渲染既可以使用 Web 服务端代理的方式，也可以直接从存储系统获取。这需要通过数据的安全性要求与业务要求来权衡。例如：图片是否需要脱敏、图片访问是否需要授权等限制要求。

6.3 C/S 应用与存储系统的集成方案

6.3.1 方案架构

在 C/S 应用中，客户端应用和存储系统只有两层，如图 6-4 所示。其中客户端应用直接与存储系统打交道：将本地数据推送到存储系统，或者从存储系统获取数据。

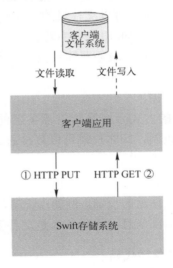

图 6-4 C/S 应用集成方案

相比 B/S 应用，C/S 应用更适合数据量较大的场合，因为其可以方便地使用客户端文件系统进行缓存的管理。

6.3.2 方案要点

在图 6-4 中，数值序号标注的是需要关注的节点，详情见表 6-2。

表 6-2　C/S 应用与存储系统的集成方案关注点

序　号	节　　点	情　　形
①	客户端将数据推送给存储系统	大文件分片上传
②	客户端从存储系统拉取数据	大文件分片下载 下载部分内容

在 C/S 应用中，会出现大数据量的应用场景，所以会涉及上传/下载的分片（①）以及部分内容的获取（②）等情形。

6.3.3　技术实现思路

以下是针对方案中的技术要（难）点进行的分析。

（1）大文件分段上传

Swift 存储系统提供了对静态大对象（SLO）进行分段（Segments）处理的机制。其过程是：允许客户端将大对象分成多个片段上传，所有分段上传完毕，再上传包含全部分段上传信息的清单（Manifest）。存储系统会按照清单将这些分段对象进行"串联"，当成一个对象进行处理。如图 6-5 所示。

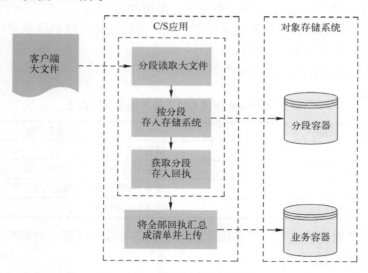

图 6-5　C/S 应用中分段上传大文件示意

图 6-5 中，C/S 应用中的分段读取大文件的过程可以是一个并发过程（例如多线程处理），但汇总全部上传信息并上传清单则是一个串行操作，必须等所有的分段上传成功完成后，才能执行。而且在实际应用中，分段对象和清单将存放到不同的容器中，以便区分管理。

（2）大文件分段下载

Swift 存储系统支持按范围（Range）获取对象的内容。如此一来，就可以按照数据的字节范围来"蚕食"大对象的数据，最后在客户端再拼凑成一个完整的文件。如图 6-6 所示。

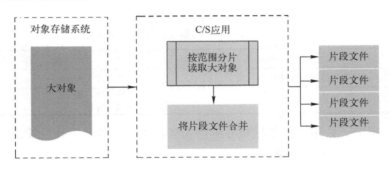

图 6-6　C/S 应用中分段获取大对象示意

图 6-6 中，C/S 应用中分段读取大对象的过程也可以是一个并发过程（例如多线程处理），但将所有分段文件合并成一个文件则是一个串行操作，必须等所有的分段文件成功下载完成后，才能执行。

实际上，"Range"参数属于 HTTP 协议的范畴，在 RFC 7233 中定义，其语法为

```
Range: <unit>=<range-start>-<range-end>
```

其中，<unit>，表示范围所采用的单位，通常是字节（bytes）。

<range-start>，整数，表示在特定单位下，范围的起始值。

<range-end>，整数，表示在特定单位下，范围的结束值。这个值是可选的，如果不存在，表示此范围一直延伸到文档结束。

表 6-3 是 Swift 存储系统支持的范围属性语法。

表 6-3　Swift 存储系统支持的范围属性语法

项	说　明
bytes=-5,	最后 5 个字节
bytes=10-15	第 10 个字节到第 15 个字节（含）共计 6 个字节
bytes=6-	第 6 个字节（含）之后的所有字节
bytes=1-3,2-5	两个范围的组合

其中范围单位固定是字节，且范围的起始值也是可选的（第一种情况）。

（3）下载部分内容

部分内容的下载和大文件的分段下载的差异，主要体现在业务要求方面，技术层面是相同的。例如，以帧为单位获取整个视频文件中指定范围的帧数据，其要求并不是为了获取整个对象。该要求需要结合业务情况，找到业务对象与数据字节范围的对应关系即可。

6.4　结语：集成之道

通过前面的介绍，读者认识到了 Swift 存储系统的强大，但就算 Swift 系统的能力再

强大，最终还是必须"落地"到应用。

对于应用，有不同的类型，同一类应用中又有不同的应用场景。只有在满足了应用系统的这些要求的前提下，才能发挥 Swift 系统的特长。

希望读者通过本章能掌握以下技能。

1）理解 B/S 应用与存储系统集成的场景及其中的关键技术，包括常规文件的上传和下载。

2）理解 C/S 应用与存储系统集成的场景及其中的关键技术，包括大文件的分段上传和下载。

第 7 章 客户端工具 API 的实现

7.1 Swift 存储系统的 API 体系回顾

Swift 存储系统采用"账户/容器/对象"的三层结构,并按照该三层结构提供了一套标准 API 规范来帮助应用系统与对象存储系统进行交互。

官方文档网址是 https://docs.openstack.org/swift/latest/api/object_api_v1_overview.html。

7.1.1 账户 API 规范

账户 API 用于执行账户级别的任务。包括:浏览当前账户下的容器列表,创建、更新、显示和删除账户元数据(Metadata)等。

其中容器的浏览支持分页和按前缀匹配筛选。

表 7-1 是 Swift 系统账户 API 规范。

表 7-1 Swift 系统账户 API 规范

功　能	资 源 路 径	说　　明
用于显示详情并浏览账户下的容器列表	/v1/{account}	HTTP 方法:GET 响应代码:200
创建/更新/删除元数据	/v1/{account}	HTTP 方法:POST 响应代码:204
显示元数据	/v1/{account}	HTTP 方法:HEAD 响应代码:204 | 401

官方文档网址是 https://docs.openstack.org/api-ref/object-store/index.html#accounts。

7.1.2 容器 API 规范

容器 API 用于执行容器级别的任务。包括:浏览指定容器中的对象列表,创建、删除容器,创建、更新、显示和删除容器元数据等。

其中对象的浏览支持分页和按前缀匹配筛选。

表 7-2 是 Swift 系统容器 API 规范。

表 7-2　Swift 系统容器 API 规范

功　　能	资　源　路　径	说　　明
显示详情并浏览容器中的对象列表	/v1/{account}/{container}	HTTP 方法：GET 响应代码：200| 404
创建	/v1/{account}/{container}	HTTP 方法：PUT 响应代码：201、202
创建/更新/删除元数据	/v1/{account}/{container}	HTTP 方法：POST 响应代码：204 | 404
显示元数据	/v1/{account}/{container}	HTTP 方法：HEAD 响应代码：204
删除	/v1/{account}/{container}	HTTP 方法：DELETE 响应代码：204 | 404、409

官方文档网址是 https://docs.openstack.org/api-ref/object-store/index.html#containers。

7.1.3　对象 API 规范

对象 API 用于执行对象级别的任务。包括：创建、替换、删除和复制对象，创建、更新、查看和删除对象的元数据等。表 7-3 是 Swift 系统对象 API 规范。

表 7-3　Swift 系统对象 API 规范

功　　能	资　源　路　径	说　　明
获取详情及内容	/v1/{account}/{container}/{object}	HTTP 方法：GET 响应代码：200 | 404、416
创建/替换对象	/v1/{account}/{container}/{object}	HTTP 方法：PUT，响应代码：201 | 404、408、411、422
复制	/v1/{account}/{container}/{object}	HTTP 方法：COPY 响应代码：201
删除	/v1/{account}/{container}/{object}	HTTP 方法：DELETE 响应代码：204
显示元数据	/v1/{account}/{container}/{object}	HTTP 方法：HEAD 响应代码：200
创建/更新元数据	/v1/{account}/{container}/{object}	HTTP 方法：POST 响应代码：202、204

官方文档网址是 https://docs.openstack.org/api-ref/object-store/index.html#objects。

7.1.4　大对象 API 规范

大对象是一种特殊的对象，可以理解为：清单+分段对象串。分段对象也是对象，其操作和普通对象一样。清单（Manifest）用于记录各个分段对象的信息，以便将众多的分段对象“串”成一个大的对象。

Swift 系统对清单文件的上传和获取有一定约定，对大对象的删除和复制也有一定规定，除此之外的操作和对普通对象无异。表 7-4 是 Swift 系统大对象 API 规范。

表 7-4　Swift 系统大对象 API 规范

功　能	资 源 路 径	说　明
创建或替换分段对象	/v1/{account}/{container}/{object}/{no}	HTTP 方法：PUT，响应代码：201 | 404、408、411、422
上传清单	/v1/{account}/{container}/{object}?multipart-manifest=put	HTTP 方法：PUT 响应代码：201
获取清单	/v1/{account}/{container}/{object}?multipart-manifest=get&format=raw	HTTP 方法：GET 响应代码：200 | 416、404
删除大对象	/v1/{account}/{container}/{object}?multipart-manifest=delete	HTTP 方法：DELETE 响应代码：200| 409
复制大对象	/v1/{account}/{container}/{object}?multipart-manifest=get	HTTP 方法：PUT 响应代码：201

官方文档网址是 https://docs.openstack.org/swift/latest/overview_large_objects.html。

7.1.5　API 规范的特点

不难看出，以上三层结构的 API 体系具备以下四个显著特点。

（1）HTTP 方法的多样化

涉及的 HTTP 方法多达六种：GET、POST、PUT、HEAD、DELETE 和 COPY。

（2）复杂的通信响应

除了常见的 404、200，还有 201、202、204、206、400、401、409、416、408、411、422 等。由此可见，Swift 系统中 HTTP 通信的场景还是比较复杂的。

（3）丰富的头部参数

每一个 API 都有丰富的头部参数，例如："X-Auth-Token""X-Storage-Url""X-Account-Access-Control""X-Container-Read""Range"等。

不仅如此，每一层（账户/容器/对象）都有各自约定的头部参数，分别使用"Account""Container"和"Object"字样进行区分。

（4）路径参数采用 RESTful 格式

路径参数形如"/v1/{account}/{container}/{object}"，是典型的 RESTful 格式。

7.2　客户端工具 API 的实现思路

通过对 API 体系的回顾，不难看出实现客户端工具 API 的关键是实现 7.1.5 节所述六种方法的 HTTP 通信。进一步还包括：对通信参数的编排、通信响应码的检测和对响应的处理等。

1. 各种 HTTP 方法的实现

使用 Apache 的 HttpClient 组件（属于 HttpComponents 项目）来实现各种 HTTP 方法的通信。HttpComponents 项目的官方网址是 http://hc.apache.org/。

通过该组件可以实现 HTTP 或 HTTPS 协议的 GET、POST、PUT、DELETE、HEAD、OPTIONS 和 TRACE 等方法。其中，Swift API 中的 COPY 方法可以使用 PUT 方法替代。

2. HTTP 通信响应码

对于 HTTP 响应代码，在 HttpComponents 项目中进行了定义。

表 7-5 是对 Swift API 中所涉及的响应码的说明。

表 7-5　Swift API 中 HTTP 响应代码的说明

代　码	定　义	说　明
200	SC_OK	成功
404	SC_NOT_FOUND	没有找到相关资源
201	SC_CREATED	已创建
202	SC_ACCEPTED	已接受
204	SC_NO_CONTENT	没（主体）内容（可能会有头部信息）
206	SC_PARTIAL_CONTENT	部分内容（按范围获取）
401	SC_UNAUTHORIZED	未经授权
400	SC_BAD_REQUEST	错误的请求，例如：必填参数缺失
408	SC_REQUEST_TIMEOUT	请求超时
409	SC_CONFLICT	冲突
416	SC_REQUESTED_RANGE_NOT_SATISFIABLE	请求范围不满足
411	SC_LENGTH_REQUIRED	需要内容长度的头信息

响应码（状态码）的详细内容可以参考 RFC 2616（HTTP/1.1）。

3. 常用头部参数

表 7-6 是对于 Swift API 中所涉及的常用头部参数及说明。

表 7-6　Swift API 常用头部参数及说明

属性名	说　明	备　注
X-Storage-User	账户名	出参，仅用于账户验证
X-Storage-Pass	密码	出参，仅用于账户验证
X-Auth-Token	授权 Token	是账户验证的出参，其他 API 的入参
X-Storage-Url	存储 URL	是账户验证的出参，其他 API 的入参
X-Account-Container-Count	账户下的容器数	出参，获取账户信息输出
X-Account-Object-Count	账户下的对象数	出参，获取账户信息输出
X-Timestamp	创建时间戳	出参，获取对象信息输出
X-Container-Object-Count	容器下的对象数	出参，获取容器信息输出
Last-Modified	最后修改时间戳	出参，获取对象信息输出
Content-Length	内容长度	出参，获取对象信息输出
Content-Type	内容类型	出参，获取对象信息输出

（续）

属　性　名	说　　明	备　　注
Etag	对标标记	出参，获取对象信息输出
Range	范围	入参（可选）
X-Copy-From	复制源	入参，用以指示复制的源
X-Static-Large-Object	静态对象标识	出参，获取对象信息输出 作为入参可检测是否支持静态大对象
X-Container-Write	容器的写权限	入参
X-Container-Read	容器的读权限	入参

表 7-6 中，属性名中包含"Account"字样的意味着是与账户相关的，"Container"字样的是与容器相关的，"Object"字样的是与对象相关的。

4．存取访问权限控制

既然有数据存取，就必须考虑存取访问权限控制的问题。Swift 存储系统本身也提供了访问控制的机制：Access Control Lists （ACLs，访问控制列表）。账号和容器的所有者，可以通过 ACL 向其他用户授权访问权限。

官方文档网址是 https://docs.openstack.org/swift/latest/overview_acl.html。

Swift 系统定义了两级 ACL：**容器级别**和**账户级别**。出于成熟度和复杂度考虑，本书暂不考虑账户级别，而主要关注容器级别的 ACL。

容器级别的 ACL 是在容器上指定，应用于该容器和容器中的所有对象。容器 ACL 相关的属性有两个。

- X-Container-Write，授予对容器内的对象执行 PUT、POST 和 DELETE 操作的许可，但不包括对容器本身的 PUT、POST 和 DELETE 操作。
- X-Container-Read，授予对容器内的对象执行 GET 和 HEAD 操作的许可，但不包括对容器本身的 GET 和 HEAD 操作。

这两个属性的值，使用 v1 版本的 ACL 语法，该语法是基于逗号分隔符的元素字符串。例如："r:*,.rlistings"，其中的项都是 ACL 元素。表 7-7 是常见的 ACL 元素。

表 7-7　常见的 ACL 元素

元　　素	说　　明
.r:*	允许任何用户访问对象，请求中无须授权 Token
.r:<referrer>	允许来源页面的请求访问容器中的对象，不需要授权 Token
.rlistings	允许任何用户对容器执行 GET 和 HEAD 操作，无须授权 Token

在所有客户端工具 API 中，ACL 元素只会出现在创建容器的 API 中。

5．账户验证 API

账户验证过程并没有出现在对象存储 API 体系中，但作为必要的一环，需要补充到客户端工具 API 中。该方法用于获取全部 API 所需的入参，存储 URL 和授权 Token。

6. 容器和对象列表的筛选和分页浏览

理论上，Swift 存储系统对于任一账户下的容器数量是没有限制的。如果一个账户下的容器数量较多，获取该账户下的容器列表时需要考虑分页浏览的问题。

官方文档网址是 https://docs.openstack.org/swift/latest/api/pagination.html。

表 7-8 是（账户下）容器列表和（容器中）对象列表的筛选和分页浏览有关的参数说明。

表 7-8　筛选及分页浏览参数说明

参　　数	说　　明
prefix	筛选用，前缀匹配
limit	分页用，用于定义每页行数的限制（最大为 10000）
marker	分页用，用于记录上一页中最后一项（不包含）
end_marker	分页用，指定结尾的项（不包含）

表 7-8 中，筛选用"prefix"既适用于分页浏览也适用于非分页浏览。

对于分页，关键在"limit"和"marker"这两个参数，在循环迭代中修改"marker"参数的值（设置为上一次浏览的末项），即可实现按页（每页大小为"limit"）浏览。

对于全遍历的实现，可以通过分页浏览的方式进行迭代请求，直至获取不到更多的项。

7. 客户端工具 API 实现的"套路"

客户端工具 API 的实现，基本遵照一个固定的模式，大致分为五个步骤。

（1）拼凑通信 URL

在存储 URL（已包含账户）的基础上，追加容器和对象路径，拼凑成完整的通信 URL。

对于部分接口，URL 还需要附带"key=value"格式的参数串（如表 7-4 中清单相关接口）。

（2）通信参数编排

参数主要包括两类：头部参数（参见表 7-5）和数据主体（Body）。

（3）发起 HTTP 通信

即创建 HttpClient 组件中的方法（GET、POST、PUT 等），然后填充参数，最后依据通信 URL 发起请求。其中，头部参数通常用"setHeader"方法设置，而主体参数一般以文件流或字节流的方式设置。

（4）检查响应码

通过检查响应码来判断通信是否正常。在 SwiftAPI 体系中，一个接口的响应码有多种情况，需要考虑充分。

（5）解析反馈内容并包装返回

即对服务端反馈的内容进行解析，反馈内容通常包括两部分：头部信息和主体数据。其中，头部信息通常使用"getHeader"方法获取，而主体数据一般以 I/O 流的方式读取。

最后将解析到的内容进行包装，返回给调用端（客户端）。

7.3 账户验证 API：叩开云存储之门

账户验证 API 用于获取授权 Token 和存储 URL，作为后续所有对象存储 API 的入参。账户验证 API 的入参有两个：验证 URL 和账户信息。

其中，验证 URL 形如"http://<代理服务器 IP>:<端口>/v1"，而账户信息则是按代理服务配置文件（"/etc/swift/proxy-server.conf"）中的设置。

代码 7-1 是账户验证 API 的实现。

代码 7-1　账户验证 API 的实现

```
1   /**
2    * 验证账户信息，获取 Storage Url 和授权 Token
3    * @param urlAuth                      验证 url
4    * @param user                         用户名
5    * @param pass                         密码
6    * @return              组合信息{X-Storage-Url/X-Auth-Token}
7    */
8   public JSONObject doAuth(String urlAuth, String user, String pass) {
9
10      final String TAG0 = Module_Tag + "::doAuth()";
11
12      //编排头部参数
13      Map<String, String> header = new Hashtable<String,String>();
14      header.put(FsOsSpec.Key_X_User, user);
15      header.put(FsOsSpec.Key_X_Pass, pass);
16
17      //按 GET 方法发起通信
18      FsHttpResult result = this.http2Util.doGet(urlAuth, header, TAG0);
19      if((null == result) || //反馈头部信息为空，则为异常
20      this.collectUtil.isEmpty(result.getHeaders()) ) {
21
22          return (null);
23      }
24
25      //预期响应码：200
26      if(result.getStatusCode() != HttpStatus.SC_OK) {
27
28          this.logger.E(TAG0, result.dump() );
29          return (null);
30      }
```

```
31
32        //包装信息并返回
33        JSONObject bundle1 = new JSONObject();
34        bundle1.put(FsOsSpec.Key_X_Storage_Url,
35                result.getHeaders().get(FsOsSpec.Key_X_Storage_Url) );
36        bundle1.put(FsOsSpec.Key_X_Token,
37                result.getHeaders().get(FsOsSpec.Key_X_Token) );
38
39        return (bundle1);
40    }
```

代码 7-1 中，通过 GET 方法与验证 URL 指示的代理服务器进行通信，验证通过后会得到两个重要的信息：存储 URL 和授权 Token，后续所有的 API 都会用到这两个参数。

需要注意的是，授权 Token 是有生命周期的（有关生命周期的时长，也在代理服务器配置文件中配置，具体可参考第 4 章），所以在引用授权 Token 的时候需要考虑 Token 过期的问题，若过期则刷新即可。

7.4 账户 API：管理你的存储系统

账户信息在代理服务器配置文件中配置，为了安全考虑，暂不提供创建和修改账户的 API，而只提供获取账户下容器列表和账户元数据相关的 API。

7.4.1 获取账户下容器列表

按账户 API 规范（表 7-1），通过 GET 方法，利用存储 URL 和授权 Token 可获取当前账户下的容器信息。代码 7-2 即是获取当前账户下容器列表的代码。

代码 7-2 账户 API：获取账户下容器列表

```
1  /**
2   * 获取账户下容器列表(按 JSON 格式输出)
3   * @param storageUrl              存储 url
4   * @param token                   授权 token
5   * @param params                  分页相关的参数列表，例如：
6                         limit, marker, end_marker, prefix, delimiter
7   * @return          该账户下容器列表(按 JSON 格式)
8   */
9  public JSONArray getAccount(String storageUrl, String token,
10                         Map<String,String> params) {
11
```

```
12        final String TAG0 = Module_Tag + "::getAccount()";
13
14        //编排头部参数
15        Map<String, String> header = new Hashtable<String,String>();
16        header.put(FsOsSpec.Key_X_Token, token);
17
18        //拼凑通信 URL
19        final String paramsStr = this.debugUtil.dump(params, '&', '=');
20        final String url = storageUrl + "?format=json" +
21                (this.parseUtil.isEmpty(paramsStr) ? "" : ("&" + paramsStr));
22
23        //按 GET 方法发起通信
24        FsHttpResult result = this.http2Util.doGet(url, header, TAG0);
25        if((null == result) ||    //反馈头部信息为空，则为异常
26        this.collectUtil.isEmpty(result.getHeaders()) ) {
27
28            this.logger.E(TAG0, url);
29            return (null);
30        }
31
32        //预期响应码：200
33        if(result.getStatusCode() != HttpStatus.SC_OK) {
34
35            this.logger.E(TAG0, result.dump() );
36            return (null);
37        }
38
39        //按 JSON 数组返回结果
40        return new JSONArray(result.getContents() );
41  }
```

代码 7-2 中，第 1 个和第 2 个参数即为存储 URL 和授权 Token；第 3 个参数"params"用来打包传入筛选和分页的相关参数，但主要包括"prefix"和"limit"，不支持"marker"和"end_marker"，所以该 API 不支持分页浏览。

在拼凑通信 URL 的过程中，分页参数按照"k1=v1&k2=v2"的方式导出（第 19 行），并追加到存储 URL 的尾部（第 21 行），其中固化了一个"format"参数（第 20 行），用来指示反馈内容的格式为"json"。

该通信方法使用的是 GET 方法，其预期响应代码为 200。

最终，容器列表信息将以 JSON 数组的格式返回。内容示例如下：

```
[{"bytes":0,"count":0,
 "name":"album-segments-test",
```

```
  "last_modified":"2020-02-10T13:54:12.734570"},
{"bytes":0,"count":0,
  "name":"album-test",
  "last_modified":"2020-02-10T13:54:12.054910"},
{"bytes":13,"count":1,
  "name":"foo",
  "last_modified":"2020-02-16T12:44:01.164750"},
......]
```

7.4.2　获取元数据

按账户 API 规范（表 7-1），通过 HEAD 方法可以获取当前账户的元数据（属性信息）。代码 7-3 是获取账户元数据的代码。

代码 7-3　账户 API：获取账户元数据

```
1   /**
2    * 获取账户元数据（属性）
3    * @param storageUrl              对象存储 URL
4    * @param token                   授权 token
5    * @return              metadata
6    */
7   public JSONObject getMetadata(String storageUrl, String token) {
8
9       final String TAG0 = Module_Tag + "::getMetadata_Account()";
10
11      //拼凑通信 URL
12      final String url = storageUrl;
13
14      //编排头部参数
15      Map<String, String> header = new Hashtable<String,String>();
16      header.put(FsOsSpec.Key_X_Token, token);
17
18      //按 HEAD 方法发起通信
19      FsHttpResult result = this.http2Util.doHead(url, header, TAG0);
20      if((null == result) || //反馈头部信息为空，则为异常
21      this.collectUtil.isEmpty(result.getHeaders()) ) {
22
23          this.logger.E(TAG0, url);
24          return (null);
25      }
26
```

```
27        //预期响应码：204
28        if(result.getStatusCode() != HttpStatus.SC_NO_CONTENT) {
29
30            this.logger.E(TAG0, result.dump() );
31            return (null);
32        }
33
34        //包装信息并返回
35        JSONObject bundle1 = new JSONObject();
36
37        Iterator<String> it = result.getHeaders().keySet().iterator();
38        while (it.hasNext() ) { //遍历头部属性
39
40            //属性名（不区分大小写）
41            final String key = it.next();
42            //添加到 JSON 对象中
43            bundle1.put(key, result.getHeaders().get(key) );
44        }
45        return (bundle1);
46    }
```

代码 7-3 中，传入参数只有存储 URL 和授权 Token，通过 HEAD 方法来进行通信，返回结果只有头部信息。最终返回值是整个头部信息（从第 37 行到第 45 行）。

7.4.3 设置自定义元数据

按账户 API 规范（表 7-1），通过 POST 方法可以创建或更新账户的元数据。
代码 7-4 是设置账户的自定义元数据的代码。

代码 7-4 账户 API：设置账户的自定义元数据

```
1  /**
2   * 设置账户元数据（属性）
3   * @param storageUrl              对象存储 URL
4   * @param token                   授权 token
5   * @param props                   属性 map
6   * @return          操作是|否成功
7   */
8  public boolean setMetadata(String storageUrl, String token,
9                          Map<String,String> props) {
10
11     final String TAG0 = Module_Tag + "::setMetadata_Account()";
```

```
12
13        //拼凑通信 URL
14        final String url = storageUrl;
15
16        //编排头部参数
17        Map<String, String> header = new Hashtable<String,String>();
18        header.put(FsOsSpec.Key_X_Token, token);
19
20        Iterator<String> it = props.keySet().iterator();
21        while (it.hasNext() ) { //遍历属性 map
22
23            //属性名（不区分大小写）
24            final String key = it.next();
25            //将属性名添加前缀、设置到头部参数中
26            header.put(FsOsSpec.Key_MD_Prefix_Account + key,
27                    props.get(key) );
28        }
29
30        //按 POST 方法发起通信
31        FsHttpResult result = this.http2Util.doPost(url, header, TAG0);
32        if((null == result) || //反馈头部信息为空则为异常
33        this.collectUtil.isEmpty(result.getHeaders()) ) {
34
35            this.logger.E(TAG0, url);
36            return (false);
37        }
38
39        //预期响应码：204（No Content)
40        if(result.getStatusCode() != HttpStatus.SC_NO_CONTENT) {
41
42            this.logger.E(TAG0, result.dump() );
43            return (false);
44        }
45
46        return (true);
47  }
```

代码 7-4 中，支持多个元数据的批量操作，名称和值通过头部参数传入，操作结果是否成功只需依据响应码进行判断，如果是预期的 204 即说明元数据创建/更新成功。

需要注意的是，对于元数据名称需要按照规范添加前缀（第 26 行）。

表 7-9 是三层结构（账户/容器/对象）自定义元数据的前缀。

表 7-9　三层结构自定义元数据的前缀

层　级	前　缀
账户	X-Account-Meta-，形如：X-Account-Meta-<名称>
容器	X-Container-Meta-，形如：X-Container-Meta-<名称>
对象	X-Object-Meta-，形如：X-Object-Meta-<名称>

表 7-9 中，对于自定义元数据的名称，原则上无须区分大小写。

7.4.4　删除自定义元数据

按账户 API 规范（表 7-1），通过"POST"方法也可以删除账户的元数据。
代码 7-5 是删除账户的自定义元数据的代码。

代码 7-5　账户 API：删除账户的自定义元数据

```
1   /**
2    * 删除账户元数据（属性）
3    * @param storageUrl              对象存储 URL
4    * @param token                   授权 token
5    * @param props                   属性名集合
6    * @return            操作是|否成功
7    */
8   public boolean delMetadata(String storageUrl, String token,
9                           Set<String> props) {
10
11      final String TAG0 = Module_Tag + "::delMetadata_Account()";
12
13      //拼凑通信 URL
14      final String url = storageUrl;
15
16      //编排头部参数
17      Map<String, String> header = new Hashtable<String,String>();
18      header.put(FsOsSpec.Key_X_Token, token);
19
20      Iterator<String> it = props.iterator();
21      while (it.hasNext() ) { //遍历属性 map
22
23          //属性名（不区分大小写）
24      final String key = it.next();
25      //将属性名添加前缀、属性值为空设置到头部参数中
26          header.put(FsOsSpec.Key_MD_Prefix_Account + key, "");
27      }
```

```
28
29        //按 POST 方法发起通信
30        FsHttpResult result = this.http2Util.doPost(url, header, TAG0);
31        if((null == result) ||   //反馈头部信息为空则为异常
32        this.collectUtil.isEmpty(result.getHeaders()) ) {
33
34            this.logger.E(TAG0, url);
35            return (false);
36        }
37
38        //正常响应码：204（No Content）
39        if(result.getStatusCode() != HttpStatus.SC_NO_CONTENT) {
40
41            this.logger.E(TAG0, result.dump() );
42            return (false);
43        }
44
45        return (true);
46    }
```

代码 7-5 中，只需传入属性的名称即可，其操作和设置元数据（代码 7-4）几乎一样，只不过其将属性值"故意"设置为空（第 26 行）。

7.5　容器 API：管理你的存储空间

容器 API 主要包括：容器的创建/删除，获取、创建、更新和删除元数据，遍历容器中的对象列表，以及辅助方法，包括检测容器是否存在等。

7.5.1　创建容器

按容器 API 规范（表 7-2），通过 PUT 方法可以创建容器，只需提供容器名即可。对于容器名的限制规定是：不得长于 256 字符，且不能包含 "/" 字符。然而，Swift 系统对于容器的数量并没有限制。

代码 7-6 是在当前账户下创建容器的 API 实现。

代码 7-6　容器 API：创建容器

```
1  /**
2   * 创建容器
3   * @param storageUrl              对象存储 URL
```

```
4     *  @param token                          授权 token
5     *  @param container                      目标容器名
6     *  @return            操作是|否成功
7    */
8   public boolean putContainer(String storageUrl, String token,
9                               String container) {
10
11      final String TAG1 = Module_Tag + "::putContainer(/"+container+")";
12
13      //拼凑通信 URL
14      final String url = storageUrl + "/" + container;
15
16      //编排头部参数
17      Map<String, String> header = new Hashtable<String,String>();
18      header.put(FsOsSpec.Key_X_Token, token);
19      //设置默认 ACL
20      header.put(FsOsSpec.Key_X_Container_Read, ".r:*");
21
22      //按 PUT 方法发起通信
23      FsHttpResult result = this.http2Util.doPut(url, header, TAG1);
24      if(null == result) {  //反馈结果为空则为异常
25
26          this.logger.E(TAG1, url);
27          return (false);
28      }
29
30      //预期响应码: 201, 202 | 异常: 400, 404, 507
31      if((result.getStatusCode() != HttpStatus.SC_CREATED) &&
32         (result.getStatusCode() != HttpStatus.SC_ACCEPTED) ){
33
34          this.logger.E(TAG1, result.dump() );
35          return (false);
36      }
37
38      return (true);
39   }
```

代码 7-6 中,通信 URL 按照 RESTful 的格式追加了目标容器的名称(第 14 行)。在头部参数中,除了授权 Token,还加入了访问控制授权(ACL),允许该容器(中的对象)为所有用户可读(第 20 行)。

创建容器使用 PUT 方法执行,通信成功的响应码是 201 和 202,其中 201 表示容器创建成功,202 表示更新目标容器。

7.5.2 获取元数据

按容器 API 规范（表 7-2），通过 HEAD 方法可获取容器元数据（属性信息）。
代码 7-7 是获取容器元数据的代码。

代码 7-7 容器 API：获取容器元数据

```
1   /**
2    * 获取容器元数据
3    * @param storageUrl              对象存储 URL
4    * @param token                   授权 token
5    * @param container               目标容器
6    * @return              metadata
7    */
8   public JSONObject getMetadata(String storageUrl, String token,
9                                    String container) {
10
11      final String TAG1 =
12              Module_Tag + "::getMetadata_Container(/"+container+")";
13
14      //拼凑通信 URL
15      final String url = storageUrl + "/" + container;
16
17      //编排头部参数
18      Map<String, String> header = new Hashtable<String,String>();
19      header.put(FsOsSpec.Key_X_Token, token);
20
21      //按 HEAD 方法发起通信
22      FsHttpResult result = this.http2Util.doHead(url, header, TAG1);
23      if((null == result) || //反馈头部信息为空，则为异常
24      this.collectUtil.isEmpty(result.getHeaders()) ) {
25
26          this.logger.E(TAG1, url);
27          return (null);
28      }
29
30      //预期响应码：204
31      if(result.getStatusCode() != HttpStatus.SC_NO_CONTENT) {
32
33          this.logger.E(TAG1, result.dump() );
34          return (null);
```

```
35          }
36
37          //包装信息并返回
38          JSONObject bundle1 = new JSONObject();
39
40          Iterator<String> it = result.getHeaders().keySet().iterator();
41          while (it.hasNext() ) { //遍历头部属性
42
43              //属性名（不区分大小写）
44              final String key = it.next();
45              //添加到 JSON 对象中
46              bundle1.put(key, result.getHeaders().get(key) );
47          }
48          return (bundle1);
49  }
```

代码 7-7 中，获取容器元数据使用 HEAD 方法，获取内容以头属性的方式返回。最终返回值是整个头部信息（从第 40 行到第 48 行）。

7.5.3 设置自定义元数据

按容器 API 规范（表 7-2），通过 POST 方法可创建和更新容器的元数据。
代码 7-8 是设置容器自定义元数据的代码。

代码 7-8 容器 API：设置容器自定义元数据

```
1   /**
2    * 设置账户元数据（属性）
3    * @param storageUrl              对象存储 URL
4    * @param token                   授权 token
5    * @param container               目标容器名
6    * @param props                   属性 map
7    * @return                   操作是|否成功
8    */
9   public boolean setMetadata(String storageUrl, String token,
10                          String container, Map<String,String> props) {
11
12      final String TAG1 =
13              Module_Tag+"::getMetadata_Container(/"+container+")";
14
15      //拼凑通信 URL
16      final String url = storageUrl + "/" + container;
```

```
17
18        //编排头部参数
19        Map<String, String> header = new Hashtable<String,String>();
20        header.put(FsOsSpec.Key_X_Token, token);
21
22        Iterator<String> it = props.keySet().iterator();
23        while (it.hasNext() ) {  //遍历属性 map
24
25            //属性名（不区分大小写）
26            final String key = it.next();
27            //将属性名添加前缀、设置到头部参数中
28            header.put(FsOsSpec.Key_MD_Prefix_Container + key,
29                    props.get(key) );
30        }
31
32        //按 POST 方法发起通信
33        FsHttpResult result = this.http2Util.doPost(url, header, TAG1);
34        if((null == result) || //反馈头部信息为空则为异常
35        this.collectUtil.isEmpty(result.getHeaders()) ) {
36
37            this.logger.E(TAG1, url);
38            return (false);
39        }
40
41        //正常响应码：204（No Content）
42        if(result.getStatusCode() != HttpStatus.SC_NO_CONTENT) {
43
44            this.logger.E(TAG1, result.dump() );
45            return (false);
46        }
47
48        return (true);
49  }
```

代码 7-8 中，支持多个元数据的批量操作，名称和值通过头部参数传入，操作结果依据响应码进行判断，如果是预期的 204 即说明元数据创建/更新成功。

其中自定义元数据名称需要按照规范添加容器层的前缀（第 28 行）。

7.5.4　删除自定义元数据

按容器 API 规范（表 7-2），通过 POST 方法可以删除容器的元数据。

代码 7-9 是删除容器自定义元数据的代码。

代码 7-9　容器 API：删除容器自定义元数据

```
1    /**
2     *  删除账户元数据（属性）
3     *  @param storageUrl              对象存储 URL
4     *  @param token                   授权 token
5     *  @param container               目标容器名
6     *  @param props                   属性名集合
7     *  @return              操作是|否成功
8     */
9    public boolean delMetadata(String storageUrl, String token,
10                              String container, Set<String> props) {
11
12       final String TAG1 =
13                Module_Tag + "::getMetadata_Container(/"+container+")";
14
15       //拼凑通信 URL
16       final String url = storageUrl + "/" + container;
17
18       //编排头部参数
19       Map<String, String> header = new Hashtable<String,String>();
20       header.put(FsOsSpec.Key_X_Token, token);
21
22       Iterator<String> it = props.iterator();
23       while (it.hasNext() ) { //遍历属性 map
24
25           //属性名（不区分大小写）
26           final String key = it.next();
27           //将属性名添加前缀、属性值为空设置到头部参数中
28           header.put(FsOsSpec.Key_MD_Prefix_Container + key, "");
29       }
30
31       //按 POST 方法发起通信
32       FsHttpResult result = this.http2Util.doPost(url, header, TAG1);
33       if((null == result) || //反馈头部信息为空则为异常
34       this.collectUtil.isEmpty(result.getHeaders()) ) {
35
36           this.logger.E(TAG1, url);
37           return (false);
38       }
39
40       //正常响应码：204（No Content）
```

```
41        if(result.getStatusCode() != HttpStatus.SC_NO_CONTENT) {
42
43            this.logger.E(TAG1, result.dump() );
44            return (false);
45        }
46
47        return (true);
48  }
```

代码 7-9 中，删除容器自定义元数据的方式和账户一样，只需将对应的属性值设置为空即可（第 28 行）。

7.5.5　检测容器是否存在

通过获取容器的元数据可以检测容器是否存在，代码 7-10 是检测容器是否存在的代码。

代码 7-10　容器 API：检测容器是否存在

```
1   /**
2    * 检测容器是否存在
3    * @param storageUrl              对象存储 URL
4    * @param token                   授权 token
5    * @param container               目标容器
6    * @return                容器是|否存在
7    */
8   public boolean exists(String storageUrl, String token,
9                   String container) {
10
11      final String TAG1 = Module_Tag + "::exists_Container(/"+container+")";
12
13      //拼凑通信 URL
14      final String url = storageUrl + "/" + container;
15
16      //编排头部参数
17      Map<String, String> header = new Hashtable<String,String>();
18      header.put(FsOsSpec.Key_X_Token, token);
19
20      //按 HEAD 方法发起通信
21      FsHttpResult result = this.http2Util.doHead(url, header, TAG1);
22      if((null == result) || //反馈头部信息为空则为异常
23      this.collectUtil.isEmpty(result.getHeaders()) ) {
24
25          this.logger.E(TAG1, url);
```

```
26          return (false);
27      }
28
29      //预期响应码: 204
30      if(result.getStatusCode() != HttpStatus.SC_NO_CONTENT) {
31
32          this.logger.E(TAG1, result.dump() );
33          return (false);
34      }
35
36      return (true);
37  }
```

代码 7-10 中，通过检测响应码是否为预期的 204 来判断目标容器是否存在。

7.5.6　删除容器

按容器 API 规范（表 7-2），通过 DELETE 方法可删除指定容器。
代码 7-11 是删除指定容器的代码。

代码 7-11　容器 API：删除指定容器

```
1   /**
2    * 删除指定容器
3    * @param storageUrl              对象存储 URL
4    * @param token                   授权 token
5    * @param container               目标容器
6    * @return                操作是|否成功
7    */
8   public boolean delContainer(String storageUrl, String token,
9                               String container) {
10
11      final String TAG1 = Module_Tag + "::delContainer(/"+container+")";
12
13      //拼凑通信 URL
14      final String url = storageUrl + "/" + container;
15
16      //编排头部参数
17      Map<String, String> header = new Hashtable<String,String>();
18      header.put(FsOsSpec.Key_X_Token, token);
19
20      //按 DELETE 方法发起通信
21      FsHttpResult result = this.http2Util.doDel(url, header, TAG1);
```

```
22          if(null == result) { //反馈内容为空则为异常
23
24              this.logger.E(TAG1, url);
25              return (false);
26          }
27
28          //预期响应码: 204 | 异常: 404, 409
29          if(result.getStatusCode() != HttpStatus.SC_NO_CONTENT) {
30
31              this.logger.E(TAG1, result.dump() );
32              return (false);
33          }
34
35          return (true);
36  }
```

代码 7-11 中, 通过 DELETE 方法来执行删除操作, 如果删除成功则响应码为 204。

7.5.7 获取容器中对象列表

对于获取容器中的对象列表, 客户端工具 API 提供了三种方式: 基础浏览、分页浏览和按前缀浏览。表 7-10 是这三种方式的特点和适用性分析。

表 7-10 三种获取容器中对象列表方式的特点和适用性分析

方　式	说　明
基础浏览	获取容器下对象的基本实现, 一次请求, 不是遍历 适用于对象不多的容器, 测试或功能验证用
分页浏览	采用循环, 多次请求, 每轮修改 marker 来进行迭代获取, 实现遍历 适用于对象数量较多、"盲爬"的情形, 生产环境
按公共前缀浏览	在分页浏览的基础上, 指定公共前缀(伪目录), 缩小浏览范围 适用按"伪目录"浏览的情形

不仅如此, 为了适应很多按扩展名区分处理的场合, 客户端工具 API 在分页浏览和按前缀浏览的基础上, 还提供了按后缀筛选的开关。

(1) 基础浏览

按容器 API 规范(表 7-2), 通过 GET 方法即可获得容器中的对象列表。

代码 7-12 是浏览目标容器中的对象列表的基础实现。

代码 7-12 容器 API: 浏览目标容器中的对象列表

```
1  /**
2   * 获取容器中的对象列表(按指定格式输出)
3   * @param storageUrl              对象存储 URL
4   * @param token                   授权 token
```

```
 5    * @param container              目标容器
 6    * @param params                 参数表，例如：
 7                                     format, limit, prefix, marker, end_marker
 8    * @return                        对象列表 (按指定格式)
 9    */
10   public JSONArray getContainer(String storageUrl, String token,
11                         String container, Map<String,String> params) {
12
13       final String TAG1 = Module_Tag + "::getContainer(/"+container+")";
14
15       //编排头部参数
16       Map<String, String> header = new Hashtable<String,String>();
17       header.put(FsOsSpec.Key_X_Token, token);
18
19       //拼凑通信 URL
20       final String paramsStr = this.debugUtil.dump(params, '&', '=');
21       final String url = storageUrl + "/" + container + "?format=json" +
22               (this.parseUtil.isEmpty(paramsStr) ? "" : ("&" + paramsStr));
23
24       //按 GET 方法发起通信
25       FsHttpResult result = this.http2Util.doGet(url, header, TAG1);
26       if((null == result) || //反馈头部信息为空则为异常
27       this.collectUtil.isEmpty(result.getHeaders()) ) {
28
29           this.logger.E(TAG1, url);
30           return (null);
31       }
32
33       //预期响应码：200 | 异常：404
34       if(result.getStatusCode() != HttpStatus.SC_OK) {
35
36           this.logger.E(TAG1, result.dump() );
37           return (null);
38       }
39
40       //按 JSON 数组返回结果
41       return new JSONArray(result.getContents() );
42   }
```

　　代码 7-12 中，第 4 个参数"params"用来打包传入筛选和分页的相关参数，但主要包括"prefix"和"limit"，由于代码中没有迭代请求，所以该 API 不支持全遍历。

　　在拼凑通信 URL 的过程中，分页参数按照"k1=v1&k2=v2"的方式导出（第 20 行），并追加到存储 URL 的尾部（第 22 行），其中固化了一个"format"参数（第 21 行），用来表示反馈内容的格式为 "json"。

该通信方法使用的是 GET 方法，其预期响应码为 200。

最终，对象列表信息将以 JSON 数组的格式返回（第 41 行），内容示例如下：

```
[
{"slo_etag":"\"6618db40f9866fa2c48361767102b9b7\"",
 "content_type":"text/plain;charset=UTF-8",
 "bytes":3340979,
 "name":"bundle.data",
 "last_modified":"2020-01-11T05:31:49.666580",
 "hash":"d439f422a467959a43c941750ac8f077"},
{"content_type":"image/jpeg",
 "bytes":99175,
 "name":"fruit/李子.jpeg",
 "last_modified":"2020-01-11T05:31:49.792150",
 "hash":"b61e376413174da41385b7ce4d561bbb"},
 ……
]
```

表 7-11 是对象主要信息项的说明。

表 7-11　对象主要信息项

项	说　　明
name	对象路径（键值）
last_modified	最后修改时间戳（UTC）
bytes	字节数
hash	对象内容的 Hash 码

（2）分页浏览

分页浏览的核心还是基础浏览，只不过是经过循环调用，且每轮调用的 "marker" 值不断迭代。代码 7-13 是分页浏览容器中对象的方法。

代码 7-13　容器 API：分页浏览容器中的对象

```
1  /**
2   * 按条目后缀名遍历指定容器下的对象条目键值列表，形如：key###tsp###size
3   * @param storageUrl          对象存储 URL
4   * @param token               授权 token
5   * @param container           目标容器名
6   * @param suffixs             筛选后缀列表
7   * @param dateFrom            起始日期(之前的条目将舍弃)
8   * @param limitMax            遍历条目数限定
9   * @param callingTag          调用方标签
```

```
10      * @return                    对象条目键值列表, 形如: key###tsp###size
11      */
12     public List<String> listAll(String storageUrl, String token,
13                                String container, String prefix,
14                                String[] suffixs, Date dateFrom,
15                                int limitMax, String callingTag) {
16
17         //初始化迭代参数
18         String marker = "";
19         booleanhasMore = true;
20
21         List<String>keysList = new ArrayList<String>();
22
23         do {
24             // 构造请求
25             Map<String,String> params = new Hashtable<String, String>();
26             //
27             if(!this.parseUtil.isEmpty(prefix)) { //有筛选前缀
28
29                 params.put(FsOsSpec.Key_Prefix, prefix);
30             }
31             params.put(FsOsSpec.Key_Marker, marker);
32             params.put(FsOsSpec.Key_Limit, ""+limitMax);
33
34             // 获取指定容器下的所有 Object 信息
35             JSONArray listing = getContainer(storageUrl, token,
36                                             container, params);
37             if(this.collectUtil.isEmpty(listing) ) { //对象列表为空, 终止
38
39                 break;
40             }
41
42             //起始时间戳
43             final long tspFrom = dateFrom.getTime();
44             String lastKey = null;
45
46             //遍历本次请求到的列表
47             for(int i = 0; i<listing.length(); ++i) {
48
49                 JSONObjectobjInfo = listing.getJSONObject(i);
50
51                 final String key = this.jsonGetter.getProp(objInfo,
52                                     FsOsSpec.Key_Obj_Key, null, callingTag);
```

```
53              //形如：2019-09-30T02:30:15.634600，为 UTC 时区
54              final String tspStr = this.jsonGetter.getProp(objInfo,
55                      FsOsSpec.Key_Obj_LastModified, null, callingTag);
56              final long tspCur = this.fmtUtil.strToDate(
57                          this.fmtUtil.normalize(tspStr),
58                          FsOsSpec.Pattern_Obj_LastModified,
59                          true, callingTag).getTime();
60              final int size = this.jsonGetter.getProp(objInfo,
61                          FsOsSpec.Key_Obj_Size, 0, callingTag);
62              //记录末项，用于迭代
63              lastKey = key;
64
65              if(tspCur<tspFrom) {  //时间戳判断、舍弃过旧的条目
66
67                  continue;
68              }
69
70              //检测后缀名
71              for(String suffix : suffixs) {
72                  if(key.endsWith(suffix) ) {
73
74                      keysList.add(key+FsSpec.Sep_Exp+
75                              tspCur+FsSpec.Sep_Exp+size);
76                  }
77              }
78          }
79
80          //获取下一轮遍历 marker
81          marker = lastKey;
82          hasMore = (listing.length() == limitMax);
83
84      } while(hasMore);
85
86      return (keysList);
87  }
```

代码 7-13 中，相比代码 7-12 的主要差异就是参数 "marker" 和 "limit" 的介入（第 31 行和第 32 行），且通过循环来调用基础遍历（第 35 行），并迭代设置 "marker" 参数（第 63 行和第 81 行），从而实现遍历的迭代。

遍历结束的条件是没有更多的项了（第 84 行），而当某一轮获取的项数小于预设限制时，即表明没有更多的项了（第 82 行）。

由于这种遍历方式属于"盲爬"，会爬取很多冷数据（时间过旧的），所以一般会建议

使用时间戳进行初筛（第 65 行），再按后缀名进行筛选。

遍历的结果输出是一个字符串列表，每项的格式是：key###tsp###size。其中"key"是对象的键值（路径），"tsp"是其最后修改的时间戳，"size"为其字节数。内容示例如下：

```
bundle.data###1581399109666###3340979
fruit/李子.jpeg###1581399109973###93558
fruit/杨桃.jpeg###1581399110134###113325
……
```

（3）按公共前缀浏览

相比分页浏览的"盲爬"，按前缀遍历是缩小范围的爬取，即：把目标条目的范围缩小为匹配前缀的项，而不是全部的项。虽然对象存储没有目录的概念，但是在业务中，对象的路径中还是可以体现出"目录"的结构，在对象存储系统中称为"伪目录"，在同一个"伪目录"中的对象的路径前缀是相同的。

这种情况特别适于按前缀进行遍历。代码 7-14 即是按前缀遍历的实现。

代码 7-14　容器 API：按前缀浏览容器中的对象

```
1   /**
2    * 按文件前缀名遍历指定容器下的【目录】下的<font color='red'>中所有</font>对
3   象条目键值列表，形如：key###tsp###size
4    * @param storageUrl              对象存储 URL
5    * @param token                   授权 token
6    * @param container               目标容器
7    * @param comPrefix               公共前缀（伪【目录】）
8    * @param suffixs                 筛选后缀列表(区分大小写)
9    * @param limitMax                遍历条目数限定
10   * @param callingTag              调用方标签
11   * @return             对象条目键值列表，形如：key###tsp###size
12   */
13  public List<String> listAllByPrefix(String storageUrl, String token,
14                              String container, String comPrefix,
15                              String[] suffixs, int limitMax,
16                              String callingTag) {
17
18      //初始化迭代参数
19      String marker = "";
20      booleanhasMore = true;
21
22      List<String>keysList = new ArrayList<String>();
23
24      do {
```

```
25          // 构造请求
26          Map<String,String> params = new Hashtable<String, String>();
27          //
28          if(!this.parseUtil.isEmpty(commonPrefix)) { //有筛选前缀
29
30              params.put(FsOsSpec.Key_Prefix, commonPrefix);
31          }
32          params.put(FsOsSpec.Key_Marker, marker);
33          params.put(FsOsSpec.Key_Limit, ""+limitMax);
34
35          // 获取指定容器下的所有 Object 信息
36          JSONArray listing = getContainer(storageUrl, token,
37                                      container, params);
38          if(this.collectUtil.isEmpty(listing) ) { //对象列表为空，终止
39
40              break;
41          }
42
43          String lastKey = null;
44
45          //遍历本次请求到的列表
46          for(int i = 0; i<listing.length(); ++i) {
47
48              JSONObjectobjInfo = listing.getJSONObject(i);
49
50              final String key = this.jsonGetter.getProp(objInfo,
51                          FsOsSpec.Key_Obj_Key, null, callingTag);
52              //形如: 2019-09-30T02:30:15.634600，为 UTC 时区
53              final String tspStr = this.jsonGetter.getProp(objInfo,
54                      FsOsSpec.Key_Obj_LastModified, null, callingTag);
55              final long tspCur = this.fmtUtil.strToDate(
56                                  this.fmtUtil.normalize(tspStr),
57                              FsOsSpec.Pattern_Obj_LastModified,
58                              true, callingTag).getTime();
59              final int size = this.jsonGetter.getProp(objInfo,
60                          FsOsSpec.Key_Obj_Size, 0, callingTag);
61
62              //记录末项，用于迭代
63              lastKey = key;
64
65              //检测后缀名
66              for(String suffix : suffixs) {
67                  if(key.endsWith(suffix) ) {
```

```
68
69                        keysList.add(key+FsSpec.Sep_Exp+
70                                tspCur+FsSpec.Sep_Exp+size);
71                    }
72                }
73            }
74
75            //获取下一轮遍历 marker
76            marker = lastKey;
77            hasMore = (listing.length() == limitMax);
78
79        } while(hasMore);
80
81        return (keysList);
82    }
```

通过比较代码 7-14 和代码 7-13，不难发现，按前缀浏览更加关注的是对**前缀相同**的对象的遍历。由于缩小了遍历范围，所以无须再关注数据的冷热。

按公共对象前缀遍历的结果示例如下：

```
fruit/李子.jpeg###1581399109973###93558
fruit/杨桃.jpeg###1581399110134###113325
fruit/杨梅.jpeg###1581399110344###142437
......
```

其中"fruit"即对象的公共前缀。

（4）获取对象公共前缀

对象的公共前缀，就是对象的"伪目录"，截取对象路径中的第一个斜杠字符（"/"）之前的内容即是公共前缀。代码 7-15 是从对象的键值中提取公共前缀的方法。

代码 7-15　对象 API：获取对象键值的公共前缀

```
1  /**
2   * 从对象的 key 中提取公共前缀(第一级、末尾含分隔符'/')
3   * @param key                     对象的 key
4   * @return              公共前缀第一级(末尾含分隔符'/')
5   */
6  public String getCommonPrefix(String key) {
7
8      final int pos = key.indexOf('/');
9      if(FsSpec.Not_Found == pos) {
10
11         return (null);
```

```
12        }
13
14        return key.substring(0, pos+1);
15    }
```

例如：对象"fruit/蕃茄.jpeg"的公共前缀是"fruit"。

7.6　对象 API：管理你的存储内容

对象 API 主要包括：对象的创建/替换和删除，获取、创建、更新和创建元数据，获取对象内容（数据），以及其他辅助方法，包括检测对象是否存在、复制和移动对象等。

7.6.1　创建对象

按照数据的组织形式，对象的创建即通过上传文件或上传（写入）字节流等方式将数据推送到对象存储服务端。

（1）通过上传文件创建

对于小文件，按对象 API 规范（表 7-3），简单地通过 PUT 方法即可将本地文件上传为对象存储系统的对象。代码 7-16 是通过上传文件来创建对象的代码。

代码 7-16　对象 API：通过上传文件创建对象

```
1   /**
2    * 上传文件(对象)
3    * @param storageUrl              对象存储 URL
4    * @param token                   授权 token
5    * @param container               目标容器
6    * @param objectKey               对象键值
7    * @param file1                   本地文件句柄
8    * @return              操作是|否成功
9    */
10  public boolean putObject(String storageUrl, String token,
11                    String container, String objectKey,
12                    File file1) {
13
14      final String TAG1 =
15          Module_Tag + "::putObject(/"+container+"/"+objectKey+")";
16
17      //拼凑通信 URL
```

```
18        final String url = storageUrl + "/" + container + "/" + objectKey;
19
20        //编排头部参数
21        Map<String, String> header = new Hashtable<String,String>();
22        header.put(FsOsSpec.Key_X_Token, token);
23
24        //按 PUT 方法发起通信
25        FsHttpResult result = this.http2Util.doPutFile(url, header,
26                                                        file1, TAG1);
27        if(null == result) { //返回内容为空，则为异常
28
29            this.logger.E(TAG1, url);
30            return (false);
31        }
32
33        //预期响应码：201 | 异常：404, 408, 411, 422
34        if(result.getStatusCode() != HttpStatus.SC_CREATED) {
35
36            this.logger.E(TAG1, result.dump() );
37            return (false);
38        }
39
40        return (true);
41    }
```

代码 7-16 中，通过 PUT 方法将本地文件上传，预期响应码是 201（创建成功）。

（2）通过上传字节流创建

和上传文件的机制一样，通过上传字节流也可以创建对象，且也只是适用于小数据量的情形。代码 7-17 是通过上传字节流来创建对象的实现。

代码 7-17　对象 API：通过上传字节流来创建对象

```
1   /**
2    * 上传字节流(对象)
3    * @param storageUrl              对象存储 URL
4    * @param token                   授权 token
5    * @param container               目标容器
6    * @param objectKey               对象键值
7    * @param bytes                   字节数组
8    * @param off                     偏移量
9    * @param len                     写入字节
10   * @return              操作是|否成功
11   */
```

```
12    public boolean putObject(String storageUrl, String token,
13                             String container, String objectKey,
14                             byte[] bytes, int off, int len) {
15
16        final String TAG1 =
17                Module_Tag + "::putObject(/"+container+"/"+objectKey+")";
18
19        //拼凑通信 URL
20        final String url = storageUrl + "/" + container + "/" + objectKey;
21
22        //编排头部参数
23        Map<String, String> header = new Hashtable<String,String>();
24        header.put(FsOsSpec.Key_X_Token, token);
25
26        //按 PUT 方法发起通信
27        FsHttpResult result = this.http2Util.doPutBytes(url, header,
28                                           bytes, off, len, TAG1);
29        if(null == result) {  //返回内容为空，则为异常
30
31            this.logger.E(TAG1, url);
32            return (false);
33        }
34
35        //预期响应码：201 | 异常：404, 408, 411, 422
36        if(result.getStatusCode() != HttpStatus.SC_CREATED) {
37
38            this.logger.E(TAG1, result.dump() );
39            return (false);
40        }
41
42        return (true);
43    }
```

代码 7-17 中，可以上传字节数组的全部或部分（第 28 行），预期响应码也是 201。

7.6.2　获取元数据

按对象 API 规范（表 7-3），使用 HEAD 方法即可获取对象的元数据（属性信息）。代码 7-18 是获取对象元数据的实现。

代码 7-18　对象 API：获取对象元数据

```
1    /**
```

```
2      *  获取对象元数据
3      *  @param storageUrl              对象存储 URL
4      *  @param token                   授权 token
5      *  @param container               目标容器
6      *  @param objectKey               对象键值
7      *  @return                 metadata
8      */
9      public JSONObject getMetadata(String storageUrl, String token,
10                                   String container, String objectKey) {
11
12         final String TAG1 =
13               Module_Tag + "::getMetadata(/"+container+"/"+objectKey+")";
14
15         //拼凑 URL
16         final String url = storageUrl + "/" + container + "/" + objectKey;
17
18         //编排头部参数
19         Map<String, String> header = new Hashtable<String,String>();
20         header.put(FsOsSpec.Key_X_Token, token);
21
22         //按 HEAD 方法发起通信
23         FsHttpResult result = this.http2Util.doHead(url, header, TAG1);
24         if(null == result) {  //反馈结果为空则表示异常
25
26             this.logger.E(TAG1, url);
27             return (null);
28         }
29
30         //预期响应码：200
31         if(result.getStatusCode() != HttpStatus.SC_OK) {
32
33             this.logger.E(TAG1, result.dump() );
34             return (null);
35         }
36
37         //包装信息并返回
38         JSONObject bundle1 = new JSONObject();
39
40         Iterator<String> it = result.getHeaders().keySet().iterator();
41         while (it.hasNext() ) {  //遍历头部属性
42
43             //属性名（不区分大小写）
44             final String key = it.next();
```

```
45              //添加到 JSON 对象中
46              bundle1.put(key, result.getHeaders().get(key) );
47          }
48          return (bundle1);
49      }
```

代码 7-18 中，获取对象元数据使用 HEAD 方法，获取内容以头属性的方式返回。最终返回值是整个头部信息（从第 40 行到第 48 行）。

7.6.3　设置自定义元数据

按对象 API 规范（表 7-3），通过 POST 方法可创建和更新对象元数据。
代码 7-19 是设置对象元数据的代码。

代码 7-19　对象 API：设置对象元数据

```
1   /**
2    * 设置对象元数据（属性）
3    * @param storageUrl              对象存储 URL
4    * @param token                   授权 token
5    * @param container               目标容器名
6    * @param objectKey               对象键值
7    * @param props                   属性 map
8    * @return              操作是|否成功
9    */
10  public boolean setMetadata(String storageUrl, String token,
11                             String container, String objectKey,
12                             Map<String,String> props) {
13
14      final String TAG1 =
15          Module_Tag + "::setMetadata(/"+container+"/"+objectKey+")";
16
17      //拼凑 URL
18      final String url = storageUrl + "/" + container + "/" + objectKey;
19
20      //编排头部参数
21      Map<String, String> header = new Hashtable<String,String>();
22      header.put(FsOsSpec.Key_X_Token, token);
23
24      Iterator<String> it = props.keySet().iterator();
25      while (it.hasNext() ) { //遍历属性 map
26
27          //属性名（不区分大小写）
```

```
28          final String key = it.next();
29          //将属性名添加前缀，设置到头部参数中
30          header.put(FsOsSpec.Key_MD_Prefix_Object + key, props.get(key) );
31      }
32
33      //按 POST 方法发起通信
34      FsHttpResult result = this.http2Util.doPost(url, header, TAG1);
35      if((null == result) || //反馈头部信息为空则为异常
36      this.collectUtil.isEmpty(result.getHeaders()) ) {
37
38          this.logger.E(TAG1, url);
39          return (false);
40      }
41
42      //正常响应码：204（No Content）和 202（Accepted）
43      if((result.getStatusCode() != HttpStatus.SC_NO_CONTENT) &&
44      (result.getStatusCode() != HttpStatus.SC_ACCEPTED) ) {
45
46          this.logger.E(TAG1, result.dump() );
47          return (false);
48      }
49
50      return (true);
51  }
```

代码 7-19 中，支持多个元数据的批量操作，名称和值通过头部参数传入，操作结果依据响应码进行判断，如果是 204 即说明元数据创建成功，而 202 则表示更新成功。

其中自定义元数据名称需要按照规范添加对象层的前缀（第 30 行）。

7.6.4 设置过期时效

可以通过设置对象的、与过期相关的元数据来设置对象的过期时效。

代码 7-20 是设置对象过期时效的代码。

代码 7-20 对象 API：设置对象过期时效

```
1  /**
2   * 设置对象过期
3   * @param storageUrl              对象存储 URL
4   * @param token                   授权 token
5   * @param container               目标容器名
6   * @param objectKey               对象键值
```

```
7     * @param dtDelAt                      过期删除基准时间戳
8     * @param delAfter                     过期删除推后秒数（秒）
9     * @return                操作是|否成功
10    */
11    public boolean setExpire(String storageUrl, String token,
12                             String container, String objectKey,
13                             Date dtDelAt, long delAfter) {
14
15        final String TAG1 =
16                Module_Tag + "::setMetadata(/"+container+"/"+objectKey+")";
17
18        //拼凑 URL
19        final String url = storageUrl + "/" + container + "/" + objectKey;
20
21        //编排头部参数
22        Map<String, String> header = new Hashtable<String,String>();
23        header.put(FsOsSpec.Key_X_Token, token);
24        //对象过期设置
25        header.put(FsOsSpec.Key_X_Delete_At, ""+dtDelAt.getTime() );
26        header.put(FsOsSpec.Key_X_Delete_After, ""+delAfter);
27
28        //按 POST 方法发起通信
29        FsHttpResult result = this.http2Util.doPost(url, header, TAG1);
30        if((null == result) || //反馈头部信息为空则为异常
31            this.collectUtil.isEmpty(result.getHeaders()) ) {
32
33            this.logger.E(TAG1, url);
34            return (false);
35        }
36
37        //正常响应码：204（No Content）和 202（Accepted）
38        if((result.getStatusCode() != HttpStatus.SC_NO_CONTENT) &&
39          (result.getStatusCode() != HttpStatus.SC_ACCEPTED) ) {
40
41            this.logger.E(TAG1, result.dump() );
42            return (false);
43        }
44
45        return (true);
46    }
```

　　代码 7-20 中，通过设置与过期相关的元数据来设置对象的过期时效（第 25 行和第 26 行）。表 7-12 是对象过期相关的元数据。

私有云存储系统搭建与应用

表 7-12　对象过期相关的元数据

项	说　明
X-Delete-At	过期时间点基准，属性值为 UNIX 时间戳
X-Delete-After	（相对基准时间点的）延迟时间，属性值为秒数

Swift 系统对于对象过期的支持，参见官方文档网址是 https://docs.openstack.org/swift/latest/overview_expiring_objects.html。

7.6.5　检测对象是否存在

可以利用对象的元数据来检测对象是否存在：获取元数据成功即表明对象存在。
代码 7-21 是检测对象是否存在的代码。

代码 7-21　对象 API：检测对象是否存在

```
1  /**
2  * 检测对象是否存在
3  * @param storageUrl              对象存储 URL
4  * @param token                   授权 token
5  * @param container               目标容器
6  * @param objectKey               对象键值
7  * @return              对象是|否存在
8  */
9  public boolean exists(String storageUrl, String token, String container,
10                 String objectKey) {
11
12     final String TAG1 =
13         Module_Tag + "::exists_Object(/"+container+"/"+objectKey+")";
14
15     //拼凑 URL
16     final String url = storageUrl + "/" + container + "/" + objectKey;
17
18     //编排头部参数
19     Map<String, String> header = new Hashtable<String,String>();
20     header.put(FsOsSpec.Key_X_Token, token);
21
22     //按 HEAD 方法发起通信
23     FsHttpResult result = this.http2Util.doHead(url, header, TAG1);
24     if(null == result) { //反馈结果为空，则为异常
25
26         this.logger.E(TAG1, url);
27         return (false);
```

```
28          }
29
30          //预期响应码：200
31          if(result.getStatusCode() != HttpStatus.SC_OK) {
32
33              this.logger.E(TAG1, result.dump() );
34              return (false);
35          }
36
37          return (true);
38      }
```

代码 7-21 中，通过通信响应码来判断通信是否正常，继而判定指定对象是否存在。

7.6.6　获取对象大小（字节数）

通过获取对象元数据中的数据长度信息，可以快速获取对象大小。

代码 7-22 是获取对象大小（字节数）的代码。

代码 7-22　对象 API：获取对象大小（字节数）

```
1   /**
2    * 获取对象大小(字节数)
3    * @param storageUrl              对象存储 URL
4    * @param token                   授权 token
5    * @param container               目标容器
6    * @param objectKey               对象键值
7    * @return                  对象大小(字节数)
8    */
9   public long getSize(String storageUrl, String token, String container,
10                  String objectKey) {
11
12      final String TAG1 =
13                  Module_Tag + "::getSize(/"+container+"/"+objectKey+")";
14
15      //拼凑 URL
16      final String url = storageUrl + "/" + container + "/" + objectKey;
17
18      //编排头部参数
19      Map<String, String> header = new Hashtable<String,String>();
20      header.put(FsOsSpec.Key_X_Token, token);
21
22      //按 HEAD 方法发起通信
```

```
23        FsHttpResult result = this.http2Util.doHead(url, header, TAG1);
24        if(null == result) { //反馈结果为空，则为异常
25
26            this.logger.E(TAG1, url);
27            return (0);
28        }
29
30        //预期响应码：200
31        if(result.getStatusCode() != HttpStatus.SC_OK) {
32
33            this.logger.E(TAG1, result.dump() );
34            return (0);
35        }
36
37        //从头信息中获取内容大小信息
38        return this.parseUtil.parseAsLong(
39            result.getHeaders().get(FsOsSpec.Key_Content_Length), 0L, TAG1);
40    }
```

代码 7-22 中，在通信成功的前提下，解析头信息中的内容长度项来获得对象的字节数。

7.6.7　获取对象内容

对应对象的创建方式，获取对象内容（即数据本身）的方式也可以分为两类：通过文件下载获取和下载（读取）字节流获取。

按对象 API 规范（表 7-3），使用 GET 方法可获取对象内容。

（1）通过下载文件获取

使用 GET 方法发起请求，再通过 I/O 操作来获取反馈的字节流。所谓下载文件，无非是将字节流保存为本地文件。代码 7-23 是通过下载文件来获取对象内容的代码。

代码 7-23　对象 API：通过下载文件获取对象内容

```
1  /**
2   * 获取对象的内容(保存到文件)和元数据
3   * @param storageUrl            对象存储 URL
4   * @param token                 授权 token
5   * @param container             目标容器
6   * @param objectKey             对象键值
7   * @param range                 对象字节范围(
8           格式:bytes=FIRST_BYTE_OFFSET-LAST_BYTE_OFFSET,基于 0,包含关系)
9   * @param file1                 (本地)目标文件
```

```
10      * @return                      操作是|否成功
11      */
12     public boolean getObject(String storageUrl, String token,
13                             String container, String objectKey,
14                             FsOsRange range, File file1) {
15
16         final String TAG1 =
17                 Module_Tag + "::getObject(/"+container+"/"+objectKey+")";
18
19         //拼凑 URL
20         final String url = storageUrl + "/" + container + "/" + objectKey;
21
22         //编排头部参数
23         Map<String, String> header = new Hashtable<String,String>();
24         header.put(FsOsSpec.Key_X_Token, token);
25         if( (range != null) &&range.isValid() ) { //范围参数有效
26
27             header.put(FsOsSpec.Key_Range, range.toString());
28         }
29
30         //按 GET 方法发起通信
31         FsHttpResult result = this.http2Util.doGetFile(url, header,
32                                                 file1, TAG1);
33         if(null == result) { //反馈结果为空，则为异常
34
35             this.logger.E(TAG1, url);
36             return (false);
37         }
38
39         //预期响应码: 200, 206 | 异常: 404, 416
40         if((result.getStatusCode() != HttpStatus.SC_OK) &&
41            (result.getStatusCode() != HttpStatus.SC_PARTIAL_CONTENT) ) {
42
43             this.logger.E(TAG1, result.dump() );
44             return (false);
45         }
46
47         return (true);
48     }
```

代码 7-23 中，通信 URL 是典型的 RESTful 格式的路径（第 20 行），然后通过 GET 方法获取数据内容并保存为本地文件（第 31 行）。

其中，需要注意的一个细节是范围参数（第 27 行），即 Swift 存储系统允许获取指定

范围中的数据，而非整个数据。这种"弱水三千只取一瓢"的技术特性，在数据挖掘方面非常有用，如从大块数据中抽取片段。不仅如此，按范围获取大对象也是对象存储系统常见的场景，例如：下载像视频等大文件时会用到多线程下载和断点续传等功能。

就获取对象内容而言，Swift 系统并没有特别地区分普通对象和大对象，而这一点正是通过范围属性来实现统一的。图 7-1 即是按范围来下载整个大对象的示意。

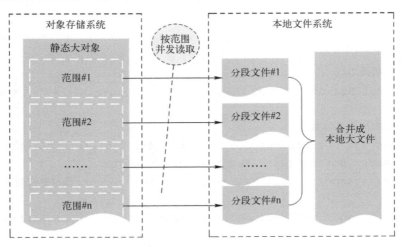

图 7-1　按范围下载大对象

图 7-1 中，对于大一点的对象（无论是大对象还是普通对象），都可以划分成多个范围进行分段读取；而对于小对象，则无须划分范围，全部读取即可。

数据范围是通过头部参数"Range"指定的，属性值的格式为"bytes=XXX"，其中"XXX"是采用基于逗号分隔符的表达式字符串，例如"bytes=100-200,300-400"，其中的项都是范围定义表达式。表 7-13 是 Swift 存储系统所支持的范围定义表达式。

表 7-13　范围定义表达式

项	说　明
FIRST_OFFSET-LAST_OFFSET	起始偏移开始（含）、终止偏移结束（含）范围的字节内容
FIRST_BYTE_OFFSET-	起始偏移开始（含）及之后所有的字节
-LENGTH	末尾的、LENGTH 指示的字节数

代码 7-24 是将起始和结束偏移量转换成范围表达式字符串的方法。

代码 7-24　对象 API：将偏移量转换为范围表达式

```
1   /** 导出成字符串，形如：<br>
2    * (1)bytes=FIRST_OFFSET-LAST_OFFSET，表示：从起始偏移开始、到终止偏移结束<br>
3    * (2) bytes=FIRST_OFFSET-，表示：从起始偏移开始及后面字节<br>
4    * (3) bytes=-LENGTH，表示：末尾 LENGTH 字节数
5    */
```

```
 6   public String dump() {
 7
 8       if(!this.isValid() ) { //内容无效（起始和终止偏移都是初始值-1，无效）
 9
10           return (null);
11       }
12
13       StringBuffer sb = new StringBuffer();
14
15       if(FsSpec.Not_Found == firstOffset) { //起始偏移无效、即终止偏移有效
16
17           sb.append("bytes=");
18           sb.append("-");
19           sb.append(lastOffset); //最后字节数
20
21       } else if(FsSpec.Not_Found == lastOffset) {
22           //终止偏移无效、即起始偏移有效
23           sb.append("bytes=");
24           sb.append(firstOffset); //从该偏移开始（包含）
25           sb.append("-");
26
27       } else { //两个偏移都有效
28
29           sb.append("bytes=");
30           sb.append(firstOffset); //从该偏移开始（包含）
31           sb.append("-");
32           sb.append(lastOffset); //到该偏移结束（包含）
33       }
34
35       return sb.toString();
36   }
```

代码 7-24 中，只涉及两个属性：起始偏移量和终止偏移量。

（2）通过下载字节流获取

相比下载文件，下载字节流就是将通过 I/O 获取的字节流不存入到本地文件，而是直接放到内存中。代码 7-25 是通过下载字节流获取对象内容的实现。

代码 7-25　对象 API：通过下载字节流获取对象内容

```
 1   /**
 2    * 获取对象的内容(存储到内存)
 3    * @param storageUrl          对象存储 URL
 4    * @param token               授权 token
```

```
 5    *  @param container                    目标容器
 6    *  @param objectKey                     对象键值
 7    *  @param range                         对象字节范围 (
 8              格式: bytes=FIRST_BYTE_OFFSET-LAST_BYTE_OFFSET, 基于 0, 包含关系)
 9    *  @return                  对象内容|null
10    */
11   public byte[] getObject (String storageUrl, String token, String container,
12                    String objectKey, FsOsRange range) {
13
14       final String TAG1 =
15               Module_Tag + "::getObject(/"+container+"/"+objectKey+")";
16
17       //拼凑 URL
18       final String url = storageUrl + "/" + container + "/" + objectKey;
19
20       //编排头部参数
21       Map<String, String> header = new Hashtable<String,String>();
22       header.put(FsOsSpec.Key_X_Token, token);
23       if( (range != null) &&range.isValid() ) { //范围参数有效
24
25           header.put(FsOsSpec.Key_Range, range.toString());
26       }
27
28       //按 GET 方法发起通信
29       FsHttpResult result = this.http2Util.doGetBytes(url, header, TAG1);
30       if(null == result) { //反馈结果为空则为异常
31
32           this.logger.E(TAG1, url);
33           return (null);
34       }
35
36       //预期响应码: 200, 206 | 异常: 404, 416
37       if((result.getStatusCode() != HttpStatus.SC_OK) &&
38          (result.getStatusCode() != HttpStatus.SC_PARTIAL_CONTENT) ) {
39
40           this.logger.E(TAG1, result.dump() );
41           return (null);
42       }
43
44       //返回字节流
45       return result.getBytes();
46   }
```

代码 7–25 中，返回值与代码 7–23 有所不同。代码 7–23 中返回的是操作是否成功，而 7–25 中返回的是字节数组。但这两种结果都出自通信返回的值"result"（第 29 行），该值可存储各种反馈结果，其类型"FsHttpResult"即为通用结果类型。

7.6.8　删除对象

按对象 API 规范（表 7–3），使用 DELETE 方法可删除指定对象。
代码 7–26 是删除指定对象的代码。

代码 7–26　对象 API：删除指定对象

```
 1    /**
 2     *  删除指定对象
 3     *  @param storageUrl             对象存储 URL
 4     *  @param token                  授权 token
 5     *  @param container              目标容器
 6     *  @param objectKey              对象键值
 7     *  @return            操作是|否成功
 8     */
 9    public boolean delObject(String storageUrl, String token,
10                             String container, String objectKey) {
11
12        final String TAG1 =
13                Module_Tag + "::delObject(/"+container+"/"+objectKey+")";
14
15        //拼凑 URL
16        final String url = storageUrl + "/" + container + "/" + objectKey;
17
18        //编排头部参数
19        Map<String, String> header = new Hashtable<String,String>();
20        header.put(FsOsSpec.Key_X_Token, token);
21
22        //按 DELETE 方法发起通信
23        FsHttpResult result = this.http2Util.doDel(url, header, TAG1);
24        if(null == result) {  //反馈结果为空，则为异常
25
26            this.logger.E(TAG1, url);
27            return (false);
28        }
29
30        //正常响应码: 204
31        if(result.getStatusCode() != HttpStatus.SC_NO_CONTENT) {
```

```
32
33              this.logger.E(TAG1, result.dump() );
34              return (false);
35      }
36
37      return (true);
38  }
```

代码 7-26 中，通过 DELETE 方法来执行删除操作，如果删除成功则响应码为 204。

7.6.9 复制对象

按对象 API 规范（表 7-3），可使用 COPY 方法复制对象。

代码 7-27 是复制对象的代码。

代码 7-27   对象 API：复制对象

```
1   /**
2    * 复制文件(对象)
3    * @param storageUrl            对象存储 URL
4    * @param token                 授权 token
5    * @param conDest               目标容器
6    * @param objKeyDest            目标对象键值
7    * @param conSrc                源容器名
8    * @param objKeySrc             源对象键值
9    * @return                操作是|否成功
10   */
11  public boolean copyObject(String storageUrl, String token,
12                            String conDest, String objKeyDest,
13                            String conSrc, String objKeySrc) {
14
15      final String TAG2 = Module_Tag + "::copyObject(/"+
16          conSrc+"/"+objKeySrc+" ==> /"+conDest+"/"+objKeyDest+")";
17      //拼凑 URL（目标和源）
18      final String urlDest = storageUrl + "/" + conDest + "/" + objKeyDest;
19      final String urlSrc = "/" + conSrc + "/" + objKeySrc;
20
21      //编排头部参数
22      Map<String, String> header = new Hashtable<String,String>();
23      header.put(FsOsSpec.Key_X_Token, token);
24      header.put(FsOsSpec.Key_X_Copy_From, urlSrc);
25
26      //按 PUT 方法发起通信
```

```
27        FsHttpResult result = this.http2Util.doPut(urlDest, header, TAG2);
28        if(null == result) { //反馈结果为空，则为异常
29
30            this.logger.E(TAG2, urlDest);
31            return (false);
32        }
33
34        //预期响应码：201
35        if(result.getStatusCode() != HttpStatus.SC_CREATED) {
36
37            this.logger.E(TAG2, result.dump() );
38            return (false);
39        }
40
41        return (true);
42    }
```

　　代码 7-27 中，和常规的复制操作一样：复制对象也需要有源和目标；不仅如此，复制使用的是 PUT 方法，而不是 COPY 方法。

　　通信成功的响应码和对象创建一样，都是 201（创建成功，复制也是一种创建）。

7.6.10　移动对象

　　Swift 系统的 API 体系中并没有定义移动对象的操作，在客户端 API 中，移动对象由两个动作构成：复制和删除。代码 7-28 是移动对象的实现。

代码 7-28　对象 API：移动对象

```
1   /**
2    * 移动文件(对象)、注意：不适用于大对象
3    * @param storageUrl              对象存储 URL
4    * @param token                   授权 token
5    * @param conDest                 目标容器
6    * @param objKeyDest              目标对象键值
7    * @param conSrc                  源容器名
8    * @param objKeySrc               源对象键值
9    * @return              操作是|否成功
10   */
11  public boolean moveObject(String storageUrl, String token,
12                            String conDest, String objKeyDest,
13                            String conSrc, String objKeySrc) {
14
```

```
15        //先复制对象
16        boolean result = this.copyObject(storageUrl, token,
17                           conDest, objKeyDest, conSrc, objKeySrc);
18        if(!result) {  //复制异常
19
20            return (false);
21        }
22
23        //再删除源
24        return this.delObject(storageUrl, token, conSrc, objKeySrc);
25    }
```

代码 7-28 中，首先通过复制创建目标对象，确认复制成功后，再删除源对象。

7.7 大对象 API：有容乃大

在对象 API 中，诸如创建对象、获取对象内容等操作，都只适用于小数据量的情形，并不适用于大数据，因为使用串行的方式处理大文件的耗时较长，会造成 HTTP 连接超时。

前面已经提到，大对象 = 清单 + 多个分段文件。分段文件使用的是"分"：将大对象切分成若干个小对象处理，减小了单次传输的数据量，从而降低连接超时的风险；而清单体现的是"合"：通过清单将这些小对象"串联"起来，作为一个大对象。这种"分合"机制，利于并行处理，从而提高总体处理的效率。如图 7-2 所示。

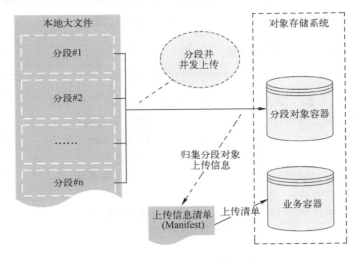

图 7-2　分段上传创建大对象

对于图 7-2，需要注意的是，分段对象和清单会存放到不同的容器中，其目的在于区分管理。

大对象的 API 实现主要包括：分段对象的上传、清单的上传、清单的获取、大对象的删除和复制等；获取大对象的内容以及元数据相关的 API。

此外，在此需要补充说明，Swift 系统的大对象分为静态大对象和动态大对象，按照应用场景，本书中主要针对静态大对象（SLO，Static Large Object）进行介绍。

相关官方文档网址是 https://docs.openstack.org/swift/latest/overview_large_objects.html。

7.7.1　检测是否支持静态大对象（SLO）

要实现对静态大对象的处理方法，首先需检测存储系统是否支持静态大对象。

代码 7-29 是检测存储系统是否支持静态大对象（SLO）的方法。

代码 7-29　大对象 API：检测存储系统是否支持静态大对象

```
1   /**
2    * 检测是否支持静态大对象(SLO, Static Large Object)
3    * @param storageUrl              对象存储 URL
4    * @param token                   授权 token
5    * @param container               目标容器
6    * @param objectKey               对象键值
7    * @param file1                   本地文件
8    * @return              操作是|否成功
9    */
10  public boolean testSLO(String storageUrl, String token, String container,
11                  String objectKey, File file1) {
12
13      final String TAG1 =
14              Module_Tag+"::testSLO(/"+container+"/"+objectKey+")";
15
16      //拼凑 URL
17      final String url = storageUrl + "/" + container + "/" + objectKey;
18
19      //编排头部参数
20      Map<String, String> header = new Hashtable<String,String>();
21      header.put(FsOsSpec.Key_X_Token, token);
22      //设置非法参数
23      header.put(FsOsSpec.Key_X_SLO, "false");
24
25      //按 PUT 方法发起通信
26      FsHttpResult result = this.http2Util.doPutFile(url, header,
27                                          file1, TAG1);
28      if(null == result) { //反馈结果为空，则为异常
29
```

```
30              this.logger.E(TAG1, url);
31              return (false);
32          }
33
34          //预期响应码：400 | 异常：201
35          if(result.getStatusCode() != HttpStatus.SC_BAD_REQUEST) {
36
37              this.logger.E(TAG1, result.dump() );
38              return (false);
39          }
40
41          return (true);
42      }
```

代码 7-29 中，实际上是通过上传文件来创建对象的方法（代码 7-16）来进行测试。其中的关键在于：头部参数中添加了属性"X-Static-Large-Object"并设置为"false"（第 23 行）。如果系统支持静态大文件，则上传失败，响应码是 400（参数有误），如果不支持则会顺利上传，响应码是 201（创建成功）。

7.7.2　上传分段对象（Segments）

按大对象 API 规范（表 7-4），通过 PUT 方法可以上传分段对象。

上传分段对象（Segments）与普通对象并没有太多不同，主要体现在对象的 RESTful 路径上，分段对象有一个序号的前缀，例如：如果分成 100 段，那么序号就是从 001 到 100，分段对象的路径则为 obj1.data/001，而普通对象的路径是 obj1.data。

代码 7-30 是创建分段对象的实现。

代码 7-30　大对象 API：创建分段对象

```
1   /**
2    * 上传大对象的分段对象
3    * @param storageUrl              对象存储 URL
4    * @param token                   授权 token
5    * @param segContainer            分段对象容器
6    * @param objectKey               对象键值
7    * @param bytes                   字节数组
8    * @param off                     偏移量
9    * @param len                     写入字节
10   * @param no                      分段序号(基于 0)，
11                            注意：<font color="red">值域限制</font>
12   * @return            上传成功后的分段信息
13          {path/etag(optional)/size_bytes(optional)/range(optional)}
14   */
```

```
15    public JSONObject putSegment(String storageUrl, String token,
16                                 String segContainer, String objectKey,
17                                 byte[] bytes, int off, int len, int no) {
18
19        final String TAG1 = Module_Tag + "::putSegment(/"+
20                                segContainer+"/"+objectKey+"/"+no+")";
21
22        //生成分段序号前缀：按默认分段数为 1000、序号长度为 6（不足左补零）
23        final String partNo = this.strUtil.getSn(null, no,
24                                        FsOsSpec.Segment_Sn_Len, TAG1);
25        //拼凑 URL
26        final String url = storageUrl + "/" + segContainer + "/" +
27                                        objectKey + "/" + partNo;
28
29        //编排头部参数
30        Map<String, String> header = new Hashtable<String,String>();
31        header.put(FsOsSpec.Key_X_Token, token);
32
33        //按 PUT 方法发起通信
34        FsHttpResult result = this.http2Util.doPutBytes(url, header,
35                                        bytes, off, len, TAG1);
36        if(null == result) {  //反馈结果为空则为异常
37
38            this.logger.E(TAG1, url);
39            return (null);
40        }
41
42        //预期响应码：201 | 异常：404, 408, 411, 422
43        if(result.getStatusCode() != HttpStatus.SC_CREATED) {
44
45            this.logger.E(TAG1, result.dump() );
46            return (null);
47        }
48
49        //包装信息并返回
50        JSONObject obj1 = new JSONObject();
51
52        obj1.put(FsOsSpec.Key_Seg_Path,
53                "/" + segContainer + "/" + objectKey + "/" + partNo);
54        obj1.put(FsOsSpec.Key_Seg_Tag,
55                result.getHeaders().get(FsOsSpec.Key_Etag) );
56        obj1.put(FsOsSpec.Key_Seg_Size, len);
57
58        return (obj1);
59    }
```

代码 7-30 中，相比通过上传字节流来创建普通对象（代码 7-17），分段对象的路径要多一个前缀（第 27 行），其路径形如：{account}/{container}/{object}/{no}。

不仅如此，分段对象有专门的存储容器，创建成功之后还需返回上传信息。

上传信息包括三项重要信息：存放路径、MD5 校验码和大小（字节数）（第 52 行到第 56 行）。

分段对象的上传返回示例如下，其格式是一个 JSON 对象：

```
{"path":"/album-segments-test/bundle.data/000000",
 "size_bytes":99175,
 "etag":"b61e376413174da41385b7ce4d561bbb"}
```

分段对象虽然是一个对象，但也只是整体的一部分，最终还需结合清单（Manifest）才能"串"成一个大对象，而清单的内容就是由每一个分段对象的上传信息组成的。

清单内容示例如下，其格式是一个 JSON 数组：

```
[{"path":"/album-segments-test/bundle.data/000000","size_bytes":991
75,"etag":"b61e376413174da41385b7ce4d561bbb"},
 {"path":"/album-segments-test/bundle.data/000001","size_bytes":9355
8,"etag":"d4115bd520290926be5a8235c35f65f8"},
 {"path":"/album-segments-test/bundle.data/000002","size_bytes":1133
25,"etag":"5ef6cb505d0a803aa070d14bd1626af7"},
 ......
 ]
```

7.7.3 上传清单（Manifest）

等待所有分段对象上传完毕，需要将所有分段对象的上传信息汇集成清单并上传，只有这样，整体（大对象）的信息才算完整，分段的上传才告终结。

按大对象 API 规范（表 7-4），通过 PUT 方法上传清单。代码 7-31 是上传清单的实现。

代码 7-31　对象 API：上传清单（结束分段上传）

```
1   /**
2   * 上传清单、结束分段上传
3   * @param storageUrl          对象存储 URL
4   * @param token               授权 token
5   * @param container           目标容器
6   * @param objectKey           对象键值
7   * @param manifest            清单内容
8   * @return          上传结果 (头部信息项)
9   */
```

```
10  public JSONObject putManifest(String storageUrl, String token,
11                                  String container, String objectKey,
12                                  JSONArray manifest) {
13
14      final String TAG1 =
15              Module_Tag + "::putManifest(/"+container+"/"+objectKey+")";
16
17      //拼凑 URL
18      final String url = storageUrl + "/" + container + "/" +
19                              objectKey + "?multipart-manifest=put";
20
21      //编排头部参数
22      Map<String, String> header = new Hashtable<String,String>();
23      header.put(FsOsSpec.Key_X_Token, token);
24
25      //按 PUT 方法发起通信
26      FsHttpResult result = this.http2Util.doPutText(url, header,
27                                          manifest.toString(), TAG1);
28      if(null == result) {  //反馈结果为空，则为异常
29
30          this.logger.E(TAG1, url);
31          return (null);
32      }
33
34      //预期响应码: 201 | 异常: 404, 408, 411, 422
35      if(result.getStatusCode() != HttpStatus.SC_CREATED) {
36
37          this.logger.E(TAG1, result.dump() );
38          return (null);
39      }
40
41      //包装信息并返回
42      JSONObject bundle1 = new JSONObject();
43
44      bundle1.put(FsOsSpec.Key_Etag,
45                  result.getHeaders().get(FsOsSpec.Key_Etag) );
46      bundle1.put(FsOsSpec.Key_Last_Modified,
47                  result.getHeaders().get(FsOsSpec.Key_Last_Modified) );
48
49      return (bundle1);
50  }
```

代码 7-31 中，参数"manifest"即为清单文件内容，其类型是 JSON 数组，数组的元

私有云存储系统搭建与应用

素就是上传分段对象所返回的上传信息。

相比通过上传文件创建普通对象，虽然上传清单也是通过 PUT 方法，但通信 URL 存在差异：上传清单时 URL 尾部追加了"?multipart-manifest=put"（第 19 行），用于指示这是上传大对象的清单。

只有清单上传完毕，整个大对象才算上传完毕。

需要注意，清单上传的容器是业务容器，而不是分段对象所上传的容器。之所以将业务容器和存放分段对象的容器分开，其目的是为了区分管理。

7.7.4 获取清单

需要说明的是，大对象的清单并不等同于元数据，也不等同于内容，清单用于留存所归属的分段对象的分段信息。按大对象 API 规范（表 7-4），通过 GET 方法可获取清单内容。

代码 7-32 是获取大对象清单的实现。

代码 7-32 大对象 API：获取大对象清单

```
1   /**
2    * 获取大对象的清单（Manifest）
3    * @param storageUrl              对象存储 URL
4    * @param token                   授权 token
5    * @param container               目标容器
6    * @param objectKey               对象键值
7    * @return           Manifest 内容
8    */
9   public JSONArray getManifest(String storageUrl, String token,
10                              String container, String objectKey) {
11
12      final String TAG1 =
13          Module_Tag + "::getManifest(/"+container+"/"+objectKey+")";
14
15      //拼凑 URL
16      final String url = storageUrl + "/" + container + "/" +
17                  objectKey + "?multipart-manifest=get&format=raw";
18
19      //编排头部参数
20      Map<String, String> header = new Hashtable<String,String>();
21      header.put(FsOsSpec.Key_X_Token, token);
22
23      //按 GET 方法发起通信
24      FsHttpResult result = this.http2Util.doGet(url, header, TAG1);
25      if(null == result) {  //反馈结果为空，则为异常
```

```
26
27            this.logger.E(TAG1, url);
28            return (null);
29        }
30
31        //预期响应码：200
32        if(result.getStatusCode() != HttpStatus.SC_OK) {
33
34            this.logger.E(TAG1, result.dump() );
35            return (null);
36        }
37
38        //按 JSON 数组返回内容
39        return new JSONArray(result.getContents());
40    }
```

代码 7-32 中，相比获取对象内容，虽然获取清单内容也是通过 GET 方法来实现的，但通信 URL 存在差异：获取清单时 URL 尾部追加了"?multipart-manifest=get&format=raw"（第 17 行），用于指示是针对清单的获取。

需要补充说明的是，所获取的清单内容和上传时的是一致的。

7.7.5　删除大对象

按大对象 API 规范（表 7-4），通过 DELETE 方法可删除大对象。

代码 7-33 是删除大对象的实现。

代码 7-33　大对象 API：删除大对象

```
1  /**
2   * 删除（静态）大对象
3   * @param storageUrl              对象存储 URL
4   * @param token                   授权 token
5   * @param container               目标容器
6   * @param objectKey               对象键值
7   * @return            操作是|否成功
8   */
9  public boolean delSLO(String storageUrl, String token,
10                    String container, String objectKey) {
11
12      final String TAG1 =
13              Module_Tag + "::delSLO(/"+container+"/"+objectKey+")";
14
```

```
15        //拼凑 URL
16        final String url = storageUrl + "/" + container + "/" +
17                                objectKey + "?multipart-manifest=delete";
18
19        //编排头部参数
20        Map<String, String> header = new Hashtable<String,String>();
21        header.put(FsOsSpec.Key_X_Token, token);
22
23        //按 DELETE 方法发起通信
24        FsHttpResult result = this.http2Util.doDel(url, header, TAG1);
25        if(null == result) {  //反馈结果为空，则为异常
26
27            this.logger.E(TAG1, url);
28            return (false);
29        }
30
31        //预期响应码：200
32        if(result.getStatusCode() != HttpStatus.SC_OK) {
33
34            this.logger.E(TAG1, result.dump() );
35            return (false);
36        }
37
38        return (true);
39  }
```

代码 7-33 中，相比普通对象的删除，大对象的删除也是通过 DELETE 方法来实现的，但通信 URL 存在差异：删除大对象时 URL 尾部追加了 "?multipart-manifest=delete"（第 17 行），用于指示该删除是针对大对象的。

大对象的删除，不仅会删除清单，还会删除所关联的分段对象。

7.7.6 复制大对象

按大对象 API 规范（表 7-4），通过 PUT 方法可复制大对象。

代码 7-34 是复制大对象的实现。

代码 7-34　大对象 API：复制大对象

```
1  /**
2   * 复制（静态）大对象
3   * @param storageUrl            对象存储 URL
4   * @param token                 授权 token
```

```
5       * @param conDest                          目标容器
6       * @param objKeyDest                       目标对象键值
7       * @param conSrc                           源容器名
8       * @param objKeySrc                        源对象键值
9       * @return                    操作是|否成功
10      */
11     public boolean copySLO(String storageUrl, String token,
12                         String conDest, String objKeyDest,
13                         String conSrc, String objKeySrc) {
14
15         final String TAG2 = Module_Tag + "::copySLO(/"+
16                 conSrc+"/"+objKeySrc+ " ==> /"+conDest+"/"+objKeyDest+")";
17
18         //拼凑 URL（目标和源）
19         final String urlDest = storageUrl + "/" + conDest + "/" +
20                                     objKeyDest + "?multipart-manifest=get";
21         final String urlSrc = "/" + conSrc + "/" + objKeySrc;
22
23         //编排头部参数
24         Map<String, String> header = new Hashtable<String,String>();
25         header.put(FsOsSpec.Key_X_Token, token);
26         header.put(FsOsSpec.Key_X_Copy_From, urlSrc);
27
28         //按 PUT 方法发起通信
29         FsHttpResult result = this.http2Util.doPut(urlDest, header, TAG2);
30         if(null == result) { //反馈结果为空，则为异常
31
32             this.logger.E(TAG2, urlDest);
33             return (false);
34         }
35
36         //预期响应码：201 | 异常：404, 408, 411, 422
37         if(result.getStatusCode() != HttpStatus.SC_CREATED) {
38
39             this.logger.E(TAG2, result.dump() );
40             return (false);
41         }
42
43         return (true);
44     }
```

代码 7-34 中，相比普通对象的复制，大对象的复制也是通过 PUT 方法来实现的，但通信 URL 存在差异：复制大对象时 URL 尾部追加了 "?multipart-manifest=get"（第 20 行，

请注意是"get"而不是"put"），用于指示该复制是针对大对象的。

注意：大对象的复制并不会复制所归属的分段对象，而是指对象信息（包括清单）。

7.8　HTTP 通信实现

对于客户端工具 API，其核心是 HTTP 通信：通过 HttpClient 实现了多种方法的通信。

在客户端工具 API 中，涉及五种方法：GET、POST、PUT、HEAD 和 DELETE。其中 Swift API 规范中提到的 COPY 方法用 PUT 方法替代。

7.8.1　HTTP 通信的"套路"

本章的 HTTP 通信过程也有一套既定的流程，大致可以划分为六个步骤。

1）创建客户端方法（例如：HttpGet、HttpPut、HttpDelete、HttpHead）。

2）设置客户端方法的参数，包括头部参数和主体参数。

3）执行客户端方法，发起 HTTP 通信。

4）依据通信响应码判断通信状态。

5）获取反馈内容，包括头部属性和主体数据。

6）将 5）中内容包装到统一结果结构（FsHttpResult）并返回。

通信涉及的数据类型主要有两种：头部属性和主体数据。

头部属性的存储方式是"key:value"，使用 Map 或类 Map 容器装载，例如：HEAD 方法的返回内容主要就是头部属性。主体数据的存储方式主要是数据块，按照编码方式可以分为两类：文本行和字节流，例如：用 GET 方法获取对象内容返回的内容就是字节流（二进制流），而用 GET 方法获取容器中的对象列表所返回的内容是文本行。

需要注意的是，除非读者对 HTTP 通信的超时设置（以 HttpClient 组件为例，包括：连接请求超时、连接超时和套接字超时）非常熟悉，否则不要贸然对超时参数进行额外的设置。如果设置值过小（例如套接字超时设置为 3s），可能会造成 I/O 请求不稳定。

7.8.2　GET 方法

GET 方法用于获取对象内容（数据本身）的场合，而且主要用于读取主体数据（有别于 HEAD 方法主要是获取属性数据）。

客户端 API 中涉及 GET 方法的场合主要有：获取账户下的容器列表、获取容器中的对象列表、获取对象内容（数据本身）和获取大对象的清单。

GET 方法的预期响应码一般为 200（通信成功），仅当获取内容是部分时才是 206（按范围获取局部内容）。

（1）按文本获取

按文本获取执行 GET 方法的情形有三种：获取账户下的容器列表、获取容器中的对象列表和获取大对象的清单。

代码 7-35 是 GET 方法按文本获取通信反馈内容的实现。

代码 7-35　HTTP 通信基础：GET 方法按文本获取通信反馈内容

```
1   /**
2    * 执行 HTTP GET 请求 (按<font color="red">文本</font>获取反馈,
3                       缺省字符集为 UTF-8)
4    * @param url                    URL
5    * @param header                 HTTP 头部参数集[可为空]
6    * @param callingTag             调用方标签
7    * @return                反馈结果
8    */
9   public FsHttpResult doGet(String url, Map<String, String> header,
10                       String callingTag) {
11
12      final String TAG1 = Module_Tag+"::doGet("+url+")";
13
14      try {
15          //构建 GET 方法
16          HttpGet get = new HttpGet(url);
17
18          if(!this.collectUtil.isEmpty(header) ) {
19              for(String key : header.keySet()) { //设置 HTTP 请求头部
20
21                  get.setHeader(key, header.get(key) );
22              }
23          }
24
25          //客户端执行方法, 发起通信
26          HttpResponse resp = HttpClients.createDefault().execute(get);
27          //获取通信响应码
28          int statusCode = resp.getStatusLine().getStatusCode();
29
30          //用于存放反馈的头部属性
31          Map<String, String>headerRet = new Hashtable<String,String>();
32
33          //读取反馈内容的缓冲区
34          StringBuffer sb = new StringBuffer();
35
36          //预期响应码处理 //200: 通信 OK
```

```
37              if(HttpStatus.SC_OK == statusCode) {
38
39                  Header[] headers = resp.getAllHeaders();
40                  for(Header h: headers) { //获取头部属性
41
42                      final String key = h.getName();
43                      if(!this.parseUtil.isEmpty(key)) {
44
45                          headerRet.put(key, h.getValue() );
46                      }
47                  }
48
49                  //读取主体数据
50                  HttpEntity result = resp.getEntity();
51                  if(result != null) {
52
53                      //指定内容读取编码为 UTF-8(服务方必须为 UTF-8 编码)
54                      InputStreamReaderisr = new InputStreamReader(
55                          result.getContent(), FsSpec.Charset_Default);
56                      BufferedReaderbr = new BufferedReader(isr);
57
58                      String line = null;
59                      while ((line = br.readLine()) != null) { //按文本行读取
60
61                          sb.append(line);
62                      }
63
64                      br.close();
65                      isr.close();
66                  }
67                  get.abort();
68
69              } else { //非预期响应码处理
70                  ......
71              }
72              return new FsHttpResult(statusCode, headerRet, sb.toString() );
73
74          } catch( ClientProtocolException e) { //异常处理
75              ......
76          }
77          return (null);
78      }
```

代码 7-35 中，按照 HTTP 通信的步骤：①在第 16 行创建 GET 方法；②从第 18 行到第 23 行，设置方法的头部参数；③第 26 行用于执行方法，发起通信；④在第 28 行和第 37 行，获取通信响应码并分别处理；⑤从第 39 行到第 67 行，既读取了头部属性也读取了主体数据；⑥第 72 行是将读取到的内容包装到统一结果结构中并返回。

在第⑤步，对主体数据是按文本行的方式逐行读取（第 59 行），且采用 UTF-8 编码（第 55 行）。

（2）按文件获取

按文件获取执行 GET 方法的情形只有一种：通过下载文件获取对象内容。与按文本获取方式相比，按文件获取的差异主要体现在第⑤步，文件内容需要按照字节流方式读取，并转储到文件。

代码 7-36 是 GET 方法按文件获取通信反馈内容的实现。

代码 7-36　HTTP 通信基础：GET 方法按文件获取通信反馈内容

```
1   /**
2    * 执行 HTTP GET 请求(按<font color="red">文件</font>获取反馈)
3    * @param url                        URL
4    * @param header                     HTTP 头部参数集[可为空]
5    * @param file1                      目标文件
6    * @param callingTag                 调用方标签
7    * @return              反馈结果
8    */
9   public FsHttpResult doGetFile(String url, Map<String, String> header,
10                          File file1, String callingTag) {
11
12      final String TAG1 = Module_Tag+"::doGetFile("+url+")";
13
14      try {
15          //构建 GET 方法
16          HttpGet get = new HttpGet(url);
17
18          if(!this.collectUtil.isEmpty(header) ) { //设置 HTTP 请求头部
19              for(String key : header.keySet()) {
20
21                  get.setHeader(key, header.get(key) );
22              }
23          }
24
25          //客户端执行方法，发起通信
26          HttpResponse resp = HttpClients.createDefault().execute(get);
27          //获取通信响应码
28          int statusCode = resp.getStatusLine().getStatusCode();
29
```

```
30              //用于存放反馈的头部属性
31              Map<String, String>headerRet = new Hashtable<String,String>();
32
33              //预期响应码处理  //200：通信正常  //206：分段获取
34              if( (HttpStatus.SC_OK == statusCode) ||
35                  (HttpStatus.SC_PARTIAL_CONTENT == statusCode) ) {
36
37                  …… //获取头部信息
38
39                  //获取主体数据
40                  HttpEntity result = resp.getEntity();
41                  if(result != null) {
42
43                      InputStream is = result.getContent();
44                      FileOutputStreamfos = new FileOutputStream(file1);
45
46                      byte[] buffer = new byte[FsSpec.Buffer_Size_8kB]; //8kB
47                      int count = 0;
48
49                      while((count = is.read(buffer)) > 0) { //按字节块读取
50
51                          fos.write(buffer, 0, count);
52                      }
53
54                      buffer = null; //GC
55
56                      fos.flush();
57                      fos.close();
58
59                      is.close();
60                  }
61                  get.abort();
62
63              } else {  //非预期响应码处理
64                  ……
65              }
66              return new FsHttpResult(statusCode, headerRet, "");
67
68          } catch( ClientProtocolException e) {  //异常处理
69              ……
70          }
71          return (null);
72      }
```

代码 7-36 中，第⑤步既读取了头部属性也读取了主体数据，对主体数据按字节流的方式进行读取（第 49 行），并保存到文件中（第 51 行）。

其中响应码除了 200 还有 206（第 35 行），表明获取的主体数据是局部数据。

（3）按字节数组获取

按文件获取执行 GET 方法的情形也只有一种：通过下载字节流获取对象内容。按字节数组获取数据的方式和按文件的主要差异在于对读取到的数据的后续处理：按文件是将读取到的数据转储到文件，而按字节数组是直接保留在内存中。

代码 7-37 是 GET 方法按字节数组获取通信反馈内容的实现。

代码 7-37　HTTP 通信基础：GET 方法按字节数组获取通信反馈内容

```
1    /**
2     * 执行 HTTP GET 请求(按<font color="red">字节串</font>获取反馈)、
3                      <font color="red">适用于小文件</font>
4     * @param url                        URL
5     * @param header                     HTTP 头部参数集[可为空]
6     * @param callingTag                 调用方标签
7     * @return                反馈结果
8     */
9    public FsHttpResult doGetBytes(String url, Map<String, String> header,
10                             String callingTag) {
11
12       final String TAG1 = Module_Tag+"::doGetBytes("+url+")";
13
14       try {
15           //构建 GET 方法
16           HttpGet get = new HttpGet(url);
17
18           if(!this.collectUtil.isEmpty(header) ) { //设置 HTTP 请求头部
19               for(String key : header.keySet()) {
20
21                   get.setHeader(key, header.get(key) );
22               }
23           }
24
25           //客户端执行方法，发起通信
26           HttpResponse resp = HttpClients.createDefault().execute(get);
27           //获取通信响应码
28           int statusCode = resp.getStatusLine().getStatusCode();
29
30           //用于存放反馈的头部属性
31           Map<String, String>headerRet = new Hashtable<String,String>();
```

```
32
33          //字节数组输出流
34          ByteArrayOutputStreambaos = new ByteArrayOutputStream();
35
36          //预期响应码处理 //206：获取分段 //200：通信 OK
37          if( (HttpStatus.SC_OK == statusCode) ||
38              (HttpStatus.SC_PARTIAL_CONTENT == statusCode) ) {
39
40              …… //获取头部信息
41
42              //获取主体数据
43              HttpEntity result = resp.getEntity();
44              if(result != null) {
45
46                  InputStream is = result.getContent();
47
48                  byte[] buffer = new byte[FsSpec.Buffer_Size_8kB]; //8kB
49                  int count = 0;
50
51                  while((count = is.read(buffer)) > 0) { //按字节块读取
52
53                      baos.write(buffer, 0, count);
54                  }
55
56                  buffer = null; //GC
57
58                  baos.flush();
59                  baos.close();
60
61                  is.close();
62              }
63              get.abort();
64
65          } else { //非预期响应码处理
66              ……
67          }
68          return new FsHttpResult(statusCode, headerRet,
69                              baos.toByteArray() );
70
71      } catch( ClientProtocolException e) { //异常处理
72          ……
73      }
74      return (null);
```

```
75  }
```

代码 7-37 中，将获取的字节存放到字节数组输出流中（第 53 行），而不是转储到文件中。最终返回的是整个字节数组（第 69 行）。

7.8.3　POST 方法

POST 方法用于创建、更新和删除对象元数据（属性信息）的场合，元数据主要通过头部参数指定，不涉及主体数据。

客户端 API 中涉及 POST 方法的场合主要有：账户元数据的创建、更新和删除，容器元数据的创建、更新和删除，对象元数据的创建和更新（没有删除操作）。

POST 方法的预期响应码一般为 204，没有（主体）内容，仅当替换对象的元数据时才是 202（已接受）。代码 7-38 是 POST 方法的实现。

代码 7-38　HTTP 通信基础：POST 方法

```
1   /**
2    * 执行 HTTP POST 请求(按<font color="red">文本</font>获取反馈,
3                          缺省字符集为 UTF-8)
4    * @param url                      URL
5    * @param header                   HTTP 头部参数集[可为空]
6    * @param callingTag               调用方标签
7    * @return                 反馈结果
8    */
9   public FsHttpResult doPost(String url, Map<String, String> header,
10                          String callingTag) {
11
12      final String TAG1 = Module_Tag+"::doPost("+url+")";
13
14      try {
15          //构建 POST 方法
16          HttpPost post = new HttpPost(url);
17
18          if(!this.collectUtil.isEmpty(header) ) { //设置 HTTP 请求头部
19              for(String key : header.keySet()) {
20
21                  post.setHeader(key, header.get(key) );
22              }
23          }
24
25          //客户端执行方法，发起通信
26          HttpResponse resp = HttpClients.createDefault().execute(post);
```

```
27              //获取通信响应码
28              int statusCode = resp.getStatusLine().getStatusCode();
29
30              //用于存放反馈的头部属性
31              Map<String, String>headerRet = new Hashtable<String,String>();
32
33              //读取反馈内容的缓冲区
34              StringBuffer sb = new StringBuffer();
35
36              /**
37               * 预期响应码处理 //202：已接受：替换对象元数据
38               *      //204：没有（主体）内容（可能有头部信息）：设置账户/容器元数据
39               */
40              if( (HttpStatus.SC_NO_CONTENT == statusCode) ||
41                  (HttpStatus.SC_ACCEPTED == statusCode) ) {
42
43                  Header[] headers = resp.getAllHeaders();
44                  for(Header h: headers) { //获取头部属性
45
46                      final String key = h.getName();
47                      if(!this.parseUtil.isEmpty(key)) {
48
49                          headerRet.put(key, h.getValue() );
50                      }
51                  }
52
53                  ……//获取主体数据（如果有）
54
55              } else { //非预期响应码处理
56                  ……
57              }
58              return new FsHttpResult(statusCode, headerRet, sb.toString() );
59
60          } catch( ClientProtocolException e) { //异常处理
61              ……
62          }
63          return (null);
64      }
```

代码 7-38 中，按照以下模式：①在第 16 行创建 POST 方法；②从第 18 行到第 23 行，设置方法的头部参数；③第 26 行用于执行方法，发起通信；④在第 28 行和第 40 行，获取通信响应码并处理；⑤从第 43 行到第 54 行，读取反馈的头部属性和主体数据；⑥第 58 行将读取到的内容包装到统一结果结构中并返回。

在第⑤步，对主体数据的读取方式与 GET 方法中获取文本数据相同（代码 7-35）。

7.8.4　PUT 方法

对应 GET 方法中获取多种形式的数据，PUT 方法用于上传多种形式的数据，包括文本（字符串）、文件、字节数组等。

PUT 方法用于创建对象的场合，而且主要用于上传主体数据，有别于 POST 方法主要上传头部属性。

客户端 API 中涉及 PUT 方法的场合主要有：创建容器、创建/复制对象、上传分段对象、上传大对象的清单和复制大对象。

PUT 方法的预期响应码一般为 201（创建成功），仅当用于更新（已存在的）容器时才是 202（已接受）。

（1）按头部参数创建

按头部参数上传来执行 PUT 方法的情形有三种：创建容器、复制对象和复制大对象。

代码 7-39 是 PUT 方法按头部参数来创建对象的实现。

代码 7-39　HTTP 通信基础：PUT 方法按头部参数创建对象

```
1   /**
2    * 执行 HTTP PUT 请求(按<font color="red">文本</font>获取反馈,
3                         缺省字符集为 UTF-8)
4    * @param url                      URL
5    * @param header                   HTTP 头部参数集[可为空]
6    * @param callingTag               调用方标签
7    * @return              反馈结果
8    */
9   public FsHttpResult doPut(String url, Map<String, String> header,
10                       String callingTag) {
11
12      final String TAG1 = Module_Tag+"::doPut("+url+")";
13
14      try {
15          //构建 PUT 方法
16          HttpPut put = new HttpPut(url);
17
18          if(!this.collectUtil.isEmpty(header) ) { //设置 HTTP 请求头部
19              for(String key : header.keySet()) {
20
21                  put.setHeader(key, header.get(key) );
22              }
23          }
```

```
24
25          //客户端执行方法，发起通信
26          HttpResponse resp = HttpClients.createDefault().execute(put);
27          //获取通信响应码
28          int statusCode = resp.getStatusLine().getStatusCode();
29
30          //用于存放反馈的头部属性
31          Map<String, String>headerRet = new Hashtable<String,String>();
32
33          //预期响应码处理 //201：创建成功 //202：更新容器
34          if( (HttpStatus.SC_CREATED == statusCode) ||
35              (HttpStatus.SC_ACCEPTED == statusCode) ) {
36
37              Header[] headers = resp.getAllHeaders();
38              for(Header h: headers) { //获取头部属性
39
40                  final String key = h.getName();
41                  if(!this.parseUtil.isEmpty(key)) {
42
43                      headerRet.put(key, h.getValue() );
44                  }
45              }
46
47              put.abort();
48
49          } else { //非预期响应码处理
50              ......
51          }
52          return new FsHttpResult(statusCode, headerRet, "");
53
54      } catch( ClientProtocolException e) { //异常处理
55          ......
56      }
57      return (null);
58 }
```

代码 7-39 中，按照以下模式：①在第 16 行创建 PUT 方法；②从第 18 行到第 23 行，设置方法的头部参数；③第 26 行用于执行方法，发起通信；④在第 28 行和第 34 行，获取通信响应码并处理；⑤从第 37 行到第 45 行，读取反馈的头部属性；⑥第 52 行将读取到的内容包装到统一结果结构中并返回。

（2）按文本上传创建

按文本上传来执行 PUT 方法的情形只有一种：上传大对象的清单。

代码 7-40 是 PUT 方法按文本上传来创建对象的实现。

代码 7-40　HTTP 通信基础：PUT 方法按文本上传来创建对象

```
1   /**
2    * 以 HTTP PUT 方式<font color="red">上传文本</font>(缺省字符集为 UTF-8)
3              (按<font color="red">文本</font>获取反馈，缺省字符集为 UTF-8)
4    * @param url                   URL
5    * @param header                HTTP 头部参数集[可为空]
6    * @param text                  文本内容
7    * @param callingTag            调用方标签
8    * @return              反馈结果
9    */
10  public FsHttpResult doPutText(String url, Map<String, String> header,
11                               String text, String callingTag) {
12
13      final String TAG1 = Module_Tag+"::doPutText("+url+")";
14
15      try {
16          //构建 PUT 方法
17          HttpPut put = new HttpPut(url);
18
19          if(!this.collectUtil.isEmpty(header) ) { //设置 HTTP 请求头部
20              for(String key : header.keySet()) {
21
22                  put.setHeader(key, header.get(key) );
23              }
24          }
25
26          /** 内容为字符串 */
27          put.setEntity(new StringEntity(text, FsSpec.Charset_Default));
28
29          //客户端执行 PUT 方法，发起通信
30          HttpResponse resp = HttpClients.createDefault().execute(put);
31          //获取通信响应码
32          int statusCode = resp.getStatusLine().getStatusCode();
33
34          //用于存放反馈的头部属性
35          Map<String, String>headerRet = new Hashtable<String,String>();
36
37          //预期响应码处理 //201：创建成功
38          if(HttpStatus.SC_CREATED == statusCode) {
39
```

```
40              Header[] headers = resp.getAllHeaders();
41              for(Header h: headers) { //读取头部属性
42
43                  final String key = h.getName();
44                  if(!this.parseUtil.isEmpty(key)) {
45
46                      headerRet.put(key, h.getValue() );
47                  }
48              }
49
50              put.abort();
51
52          } else { //非预期响应码处理
53              ……
54          }
55          return new FsHttpResult(statusCode, headerRet, "");
56
57      } catch( ClientProtocolException e) { //异常处理
58          ……
59      }
60      return (null);
61  }
```

代码 7-40 中，相比代码 7-39，其差异在于传入的值增加了字符串项（第 27 行）。

（3）按文件上传创建

按文件上传来执行 PUT 方法的情形有两种：通过上传文件创建对象和上传分段对象。代码 7-41 是 PUT 方法按文件上传来创建对象的实现。

代码 7-41　HTTP 通信基础：PUT 方法按文件上传创建对象

```
1  /**
2   * 以 HTTP PUT 方式<font color="red">上传单文件</font>
3            (按<font color="red">文本</font>获取反馈，缺省字符集为 UTF-8)
4   * @param url                      URL
5   * @param header                   HTTP 头部参数集[可为空]
6   * @param file1                    文件句柄
7   * @param callingTag               调用方标签
8   * @return              反馈结果
9   */
10 public FsHttpResult doPutFile(String url, Map<String, String> header,
11                          File file1, String callingTag) {
12
13     final String TAG1 = Module_Tag+"::doPutFile("+url+")";
```

```
14
15      try {
16          //构建 PUT 方法
17          HttpPut put = new HttpPut(url);
18
19          if(!this.collectUtil.isEmpty(header) ) { //设置 HTTP 请求头部
20              for(String key : header.keySet()) {
21
22                  put.setHeader(key, header.get(key) );
23              }
24          }
25
26          /** 内容为文件 */
27          put.setEntity(new FileEntity(file1) );
28
29          //客户端执行 POST 方法，发起通信
30          HttpResponse resp = HttpClients.createDefault().execute(put);
31          //获取通信响应码
32          int statusCode = resp.getStatusLine().getStatusCode();
33
34          //用于存放反馈的头部属性
35          Map<String, String>headerRet = new Hashtable<String,String>();
36
37          //非预期响应码处理 //201：创建成功
38          if(HttpStatus.SC_CREATED == statusCode) {
39
40              Header[] headers = resp.getAllHeaders();
41              for(Header h: headers) { //获取头部属性
42
43                  final String key = h.getName();
44                  if(!this.parseUtil.isEmpty(key)) {
45
46                      headerRet.put(key, h.getValue() );
47                  }
48              }
49
50              put.abort();
51
52          } else { //非预期响应码处理
53              ......
54          }
55          return new FsHttpResult(statusCode, headerRet, "");
56
```

```
57        } catch( ClientProtocolException e) {  //异常处理
58            ......
59        }
60        return (null);
61    }
62
```

代码 7-41 中，相比代码 7-40，其差异在于传入的值不是字符串而是文件项（第 27 行）。

（4）按字节流上传创建

按字节流上传来执行 PUT 方法的情形有一种：通过上传字节流创建对象。

代码 7-42 是 PUT 方法按字节流上传来创建对象的实现。

代码 7-42　HTTP 通信基础：PUT 方法按字节流上传创建对象

```
1    /**
2     * 以 HTTP PUT 方式<font color="red">上传字节串</font>(按<font color="red">
3    文本</font>获取反馈，缺省字符集为 UTF-8)
4     * @param url                         URL
5     * @param header                      HTTP 头部参数集[可为空]
6     * @param bytes                       字节数组
7     * @param off                         偏移量
8     * @param len                         写入字节
9     * @param callingTag                  调用方标签
10    * @return                 反馈结果
11    */
12   public FsHttpResult doPutBytes(String url, Map<String, String> header,
13                                  byte[] bytes, int off, int len,
14                                  String callingTag) {
15
16       final String TAG1 = Module_Tag+"::doPutBytes("+url+")";
17
18       try {
19           //构建 PUT 方法
20           HttpPut put = new HttpPut(url);
21
22           if(!this.collectUtil.isEmpty(header) ) { //设置 HTTP 请求头部
23               for(String key : header.keySet()) {
24
25                   put.setHeader(key, header.get(key) );
26               }
27           }
28
29           /** 内容为字节数组 */
```

```
30              put.setEntity(new ByteArrayEntity(bytes, off, len,
31                           ContentType.APPLICATION_OCTET_STREAM));
32
33          //客户端执行 POST 方法，发起通信
34          HttpResponse resp = HttpClients.createDefault().execute(put);
35          //获取通信响应码
36          int statusCode = resp.getStatusLine().getStatusCode();
37
38          //用于存放反馈的头部属性
39          Map<String, String>headerRet = new Hashtable<String,String>();
40
41          //预期响应码处理 //201：创建成功
42          if (HttpStatus.SC_CREATED == statusCode) {
43
44              Header[] headers = resp.getAllHeaders();
45              for(Header h: headers) { //获取头部属性
46
47                  final String key = h.getName();
48                  if(!this.parseUtil.isEmpty(key)) {
49
50                      headerRet.put(key, h.getValue() );
51                  }
52              }
53
54              put.abort();
55
56          } else { //非预期响应码处理
57              ......
58          }
59          return new FsHttpResult(statusCode, headerRet, "");
60
61      } catch( ClientProtocolException e) { //异常处理
62          ......
63      }
64      return (null);
65  }
```

代码 7-42 中，相比代码 7-41，其差异在于传入的值不是文件项而是字节数组（第 30 行）。

7.8.5　DELETE 方法

DELETE 方法用于删除对象的场合，目标对象通过头部参数传入。

客户端 API 中涉及 DELETE 方法的场合主要有：删除容器、对象和大对象。

DELETE 方法的预期响应码一般为 204，没有（主体）内容，仅当用于删除大对象时才是 200（通信成功）。代码 7-43 是 DELETE 方法的实现。

代码 7-43　HTTP 通信基础：DELETE 方法

```
1   /**
2    * 执行 HTTP DELETE 请求(按<font color="red">文本</font>获取反馈,
3                         缺省字符集为 UTF-8)
4    * @param url                          URL
5    * @param header                       HTTP 头部参数集[可为空]
6    * @param callingTag                   调用方标签
7    * @return                 反馈结果
8    */
9   public FsHttpResult doDel(String url, Map<String, String> header,
10                        String callingTag) {
11
12      final String TAG1 = Module_Tag+"::doDel("+url+")";
13
14      try {
15          //构建 DELETE 方法
16          HttpDelete del = new HttpDelete(url);
17
18          if(!this.collectUtil.isEmpty(header) ) { //设置 HTTP 请求头部
19              for(String key : header.keySet()) {
20
21                  del.setHeader(key, header.get(key) );
22              }
23          }
24
25          //客户端执行方法，发起通信
26          HttpResponse resp = HttpClients.createDefault().execute(del);
27          //获取通信响应码
28          int statusCode = resp.getStatusLine().getStatusCode();
29
30          //用于存放反馈的头部属性
31          Map<String, String>headerRet = new Hashtable<String,String>();
32
33          /**
34           * 非预期响应码处理//204：没有（主体）内容（可能会有头部信息）
35           *                //200：删除大对象
36           */
37          if( (HttpStatus.SC_NO_CONTENT == statusCode) ||
```

```
38                (HttpStatus.SC_OK == statusCode) ) {
39
40                Header[] headers = resp.getAllHeaders();
41                for(Header h: headers) { //读取头部属性
42
43                    final String key = h.getName();
44                    if(!this.parseUtil.isEmpty(key)) {
45
46                        headerRet.put(key, h.getValue() );
47                    }
48                }
49
50                del.abort();
51
52            } else { //非预期响应码处理
53                ……
54            }
55            return new FsHttpResult(statusCode, headerRet, "");
56
57        } catch( ClientProtocolException e) { //异常处理
58            ……
59        }
60        return (null);
61    }
```

代码 7-43 中，按照以下模式：①在第 16 行创建 DELETE 方法；②从第 18 行到第 23 行，设置方法的头部参数；③第 26 行用于执行方法，发起通信；④在第 28 行和第 37 行，获取通信响应码并处理；⑤从第 40 行到第 50 行，是读取反馈的头部属性；⑥第 55 行将读取到的内容包装到统一结果结构中并返回。

7.8.6　HEAD 方法

HEAD 方法用于获取对象元数据（属性）的场合，目标对象通过头部参数传入。

客户端 API 中涉及 HEAD 方法的场合主要有：获取账号、容器和对象元数据。

HEAD 方法的预期响应码一般为 204 没有（主体）内容，仅当用于获取对象的元数据时才是 200（通信成功）。代码 7-44 是 HEAD 方法的实现。

代码 7-44　HTTP 通信基础：HEAD 方法

```
1   /**
2    * 执行 HTTP HEAD 请求(按<font color="red">文本</font>获取反馈,
3                缺省字符集为 UTF-8)
```

```
4   * @param url                        URL
5   * @param header                     HTTP 头部参数集[可为空]
6   * @param callingTag                 调用方标签
7   * @return             反馈结果
8   */
9  public FsHttpResult doHead(String url, Map<String, String> header,
10                         String callingTag) {
11
12     final String TAG1 = Module_Tag+"::doHead("+url+")";
13
14     try {
15         //构建 HEAD 方法
16         HttpHead head = new HttpHead(url);
17
18         if(!this.collectUtil.isEmpty(header) ) { //设置 HTTP 请求头部
19             for(String key : header.keySet()) {
20
21                 head.setHeader(key, header.get(key) );
22             }
23         }
24
25         //客户端执行方法，发起通信
26         HttpResponse resp = HttpClients.createDefault().execute(head);
27         //获取通信响应码
28         int statusCode = resp.getStatusLine().getStatusCode();
29
30         //用于存放反馈的头部属性
31         Map<String, String>headerRet = new Hashtable<String,String>();
32
33         /**
34          * 预期响应码处理 //204：没有（主体）内容（可能会有头部信息）
35          *             //200：获取对象元数据
36          */
37         if( (HttpStatus.SC_OK == statusCode) ||
38             (HttpStatus.SC_NO_CONTENT == statusCode) ) {
39
40             Header[] headers = resp.getAllHeaders();
41             for(Header h: headers) { //读取头部属性
42
43                 final String key = h.getName();
44                 if(!this.parseUtil.isEmpty(key)) {
45
46                     headerRet.put(key, h.getValue() );
```

```
47                          }
48                     }
49
50                head.abort();
51
52           } else {  //非预期响应码处理
53              ......
54           }
55           return new FsHttpResult(statusCode, headerRet, "");
56
57     } catch( ClientProtocolException e) {  //异常处理
58        ......
59     }
60     return (null);
61  }
```

代码 7-44 中，按照以下模式：①在第 16 行创建 HEAD 方法；②从第 18 行到第 23 行，设置方法的头部参数；③第 26 行用于执行方法，发起通信；④在第 28 行和第 37 行，获取通信响应码并处理；⑤从第 40 行到第 50 行，是读取反馈的头部属性；⑥第 55 行将读取到的内容包装到统一结果结构中并返回。

7.9　结语：存储一切对象

从客户端工具 API 的实现过程中，读者不难看出，无论是字符串（文本）、文件还是字节数组，都可以成为对象。不仅如此，Swift 系统还提供了完备的对象管理手段，例如：ACL 机制、元数据管理、支持大对象、分页浏览、支持按范围获取对象内容、支持对象的过期设置等。

一方面，这种一切（数据）皆对象的理念，弱化了数据的形态差异，有利于简化应用的集成过程；另一方面，Swift 系统提供的强大而又完备的数据管理手段，又可以满足不同场景的应用要求。这恐怕就是 Swift 系统成为当前最为流行的存储系统的原因之一吧。

希望读者通过本章能够掌握以下技能。

1）理解 Swift 系统的三级（账户/容器/对象）API 规范。

2）理解客户端工具 API 的实现思路及实现模式。

3）理解账户验证 API 的实现过程，关注其输入和输出参数。

4）理解容器 API 的组成和关联关系，重点是对容器中对象的分页浏览。

5）理解对象 API 的组成和关联关系，需要关注的是获取对象内容和设置对象的过期时效。

6）理解大对象 API 的组成和关联关系，重点是分段上传大对象。

7）了解通过 HttpClient 组件实现各种 HTTP 方法的过程。

第8章 存储系统与Java项目集成实例

8.1 存储系统与Java项目的集成点

依据第 6 章的集成方案，Java 项目分成两类应用：B/S 应用和 C/S 应用。其中 B/S 应用主要就是 Web 应用，而 C/S 应用主要是工具层面的应用。

从集成的难度而言，工具层面的应用集成要简单一些：可以直接在应用程序的主线程中调用客户端工具 API 来实现应用的集成。而对于 Web 应用而言，应用程序服务器（例如 Tomcat）本质是一个装载各种组件（Component）的容器，不再有主线程的说法，服务过程主要是通过会话来表现的。

按照 MVC[⊖]模型，Web 应用中与存储系统的集成点应该在数据层（Model），即通过服务组件（Services）来提供数据的存/取服务。

具体到功能实现，对于文件上传功能，View 层即是表单上传页面，Controller 层即是表单上传接口，Model 层则负责将上传文件流保存到对象存储系统；对于文件下载功能，View 层即是展示图片或下载文件的页面，Controller 层则是对象下载接口，而 Model 层则负责获取存储系统中的对象内容，并反馈给浏览器。

接下来将介绍 Web 应用和工具类应用与存储系统的集成示例。

8.2 Web 应用与存储系统集成

8.2.1 Web 应用的集成模式

图 8-1 是 Web 应用与其他系统（包括存储系统）的集成模式示意。

⊖ 即 Model-View-Controller（模型-视图-控制器），是一种设计模式。

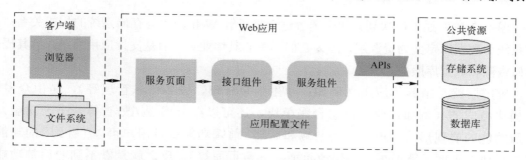

图 8-1　Web 应用与其他系统（包括存储系统）的集成模式

图 8-1 中，Web 应用的主要内容包括：服务页面、接口组件和服务组件，其中服务组件通过调用客户端工具 API 来与存储系统、数据库系统等进行交互，从而实现系统集成。Web 应用的客户端以浏览器为载体，通过加载 Web 应用的服务页面来实现与用户的交互。

按照数据的主要流向，应用集成的场景将包括两类：上传本地文件到存储系统（客户端→存储系统）和从存储系统获取对象内容（数据）到客户端（存储系统→客户端）。

8.2.2　集成示例 1：文件上传

Web 应用中最为常见的功能是业务记录的增/删/改/查（即所谓的 CRUD）。图 8-2 中表示的即是新增功能场景：在业务记录新增页面，用户填选表单项（例如：姓名、性别等）、选取文件（例如：上传 pdf 文件、图片等），填写完毕，提交表单，应用后端将提交内容予以保存；用户可以通过详情页面查看自己所填写的内容。

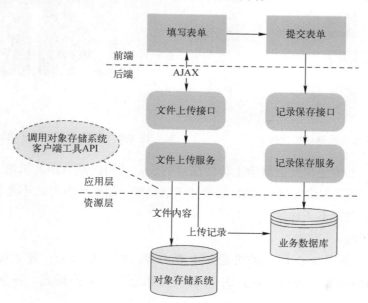

图 8-2　Web 应用场景：新增业务记录

图 8-2 中,通过层次划分便于读者进一步了解 Web 应用与存储系统的集成关系:存储系统和数据库定义为资源层,因为它们不关心具体业务,而是支撑应用系统,为其提供存储资源和数据库服务。

应用层就是指具体应用(例如:学生信息管理、设备信息管理等),是由众多功能模块组成的(例如:学生信息台账模块,还可以细分增/删/改/查等若干子功能),按照功能的展现形式一般又分为前端和后端。前端功能就是用户可以"看到"的功能,例如:功能页面(新增页面、修改页面、详情页面等);反之就是看不到的后端功能。

功能页面是不能直接与存储系统打交道的,与存储系统打交道的是服务组件(Service),功能页面只能与接口(Controller)打交道。

(1)新增页面

图 8-3 是新增页面的初始化状态,其中需要用户填写的有三项:姓名(必填)、登记照(必填)和身份证正反照(必填)。其中上传文件类型仅限图片,且支持多选。

图 8-4 是填写后的新增页面,上传成功的图片不仅一目了然地展现了出来,而且还能自由地剔除(每张图片右上角有一个删除的按钮)和补充(单击"+"按钮继续上传)。

图 8-3　新增页面示例(初始时)　　　　图 8-4　新增页面示例(填写后)

图 8-4 中,上传图片及回显所上传的图片列表,采用的是 AJAX 机制。

AJAX 以及网页的编制属于 Web 前端技术的范畴,如果读者对此不是很熟悉,则需要查阅相关资料,在此不予详述。

1)上传表单。

代码 8-1 即是图 8-3 所示的页面的主要内容,即表单部分。需要提醒注意的是,该 HTML 页面中用到了 Bootstrap UI 框架以及部分自定义的样式,在阅读时需要注意区分。

代码 8-1　新增页面：上传表单

```
1   <div class="form-body fs-pd-b-20"><!-- 表单项开始 -->
2
3       <div class="form-group fs-pd-15 fs-cl-all">
4           <label class="col-md-2 control-label fs-label fs-ta-r">
5               <span class="fs-c-red">*</span>姓名
6           </label>
7           <div class="col-md-3">
8               <input type="text" class="form-control" id="col_name" />
9           </div>
10      </div>
11      <div class="form-group fs-pd-15 fs-cl-all">
12          <label class="col-md-2 control-label fs-label fs-ta-r">
13              <span class="fs-c-red">*</span>登记照
14          </label>
15          <div class="col-md-9">
16              <div id="v_photo_AVATAR" style="display:inline;"></div>
17              <input type="button" class="btn btn-info btn_upload"
18                  id="AVATAR" title="上传登记照" value="＋"/>
19          </div>
20      </div>
21      <div class="form-group fs-pd-15 fs-cl-all">
22          <label class="col-md-2 control-label fs-label fs-ta-r">
23              <span class="fs-c-red">*</span>身份证正反照
24          </label>
25          <div class="col-md-9">
26              <div id="v_photo_ID" style="display:inline;"></div>
27              <input type="button" class="btn btn-info btn_upload"
28                  id="ID" title="上传身份证正反照" value="＋"/>
29          </div>
30      </div>
31      <div class="form-group fs-pd-15 fs-cl-all">
32          <label class="col-md-2 control-label fs-ta-r"> </label>
33          <div class="col-md-9">
34              <button class="btn btn-warning" id="btn_ok">提交</button>
35          </div>
36      </div>
37
38  </div><!-- 表单项结束 -->
```

对于代码 8-1，读者可能会觉得奇怪，因为其中并没有使用到类型为 "**file**" 的上传组件，而是普通的按钮组件（第 17 行和第 27 行）。那么文件是如何上传的呢？

不仅如此，读者还需注意另外一点，在第 16 行和第 26 行，定义了两个内容为空白的 "div" 容器，按照图 8-4 的效果，它们用于回显已经成功上传的图片列表。

2）文件上传。

代码 8-2 是在新增页面的加载就绪回调函数 "ready()" 中，文件上传按钮（即代码 8-1 中的两个按钮）的点击事件（"onclick"）的回调函数。

代码 8-2 新增页面：文件上传按钮点击回调

```
1    //绑定文件上传触发
2    $('.btn_upload').on("click", function() {
3
4        $('#file_upload_1').attr("name", this.id);
5        $('#file_upload_1').attr("type", 'file');
6        $('#file_upload_1').trigger("click");
7    });
```

代码 8-2 中，上传按钮通过类名（"btn_upload"）绑定点击事件（"onclick"）回调处理函数，在该函数中，做了三件事：

① 将组件 "file_upload_1" 的名称属性设置为当前上传按钮的 ID。

② 将组件的类型（"type"）设置为文件上传类型（"file"）。

③ 触发该组件的点击事件。

那么，组件 "file_upload_1" 到底是什么呢？代码 8-3 即是对该组件的定义。

代码 8-3 新增页面：定义组件 "file_upload_1"

```
1    <form id="form_1" method="POST" ENCTYPE="multipart/form-data"
2        target="_self" action="#">
3        <input type="file" id="file_upload_1" name=""
4            accept='image/*' multiple style="display:none;"/>
5    </form>
```

代码 8-3 中，组件 ID "file_upload_1" 就是一个文件上传组件，它的接收类型为所有图片（"image/*"），支持多选（"multiple"），且该组件是不可见的（"display:none"）。

结合代码 8-2，可能会有更多的问题让读者迷惑不解：

① 两个上传业务（登记照和身份证）是如何实现共用一个文件上传组件的？

② 文件上传组件的类型本身就是 "file"，为什么还要重设（代码 8-2 中第 5 行）？

③ 文件上传组件所归属的表单 "form_1" 并没有指定 "action"，那么前端页面是如何与后端的文件上传接口衔接的？

无论如何，当文件上传组件的点击事件被触发后（代码 8-2 中第 6 行），浏览器会弹出文件选择对话框，用于选择图片文件，如图 8-5 所示。

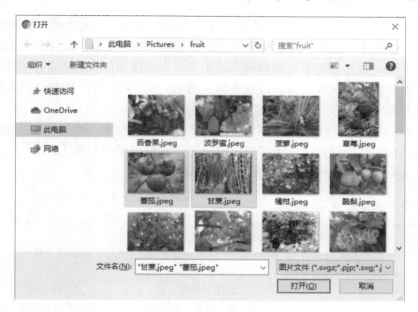

图 8-5　文件选择对话框

图 8-5 中，允许文件多选，当用户选好文件后，单击"打开"按钮即执行上传操作。该上传操作又是如何触发的呢？

代码 8-4 是文件上传组件绑定的改动事件（"onchange"）的回调处理（也在页面的加载就绪回调函数中）。如此一来，当图 8-5 中确定文件的选取，文件上传组件的属性"files"就会发生变动，继而就会触发改动事件回调函数。

代码 8-4　新增页面：文件上传组件变动回调处理

```
1   /**文件上传组件变动回调*///*** 部分浏览器下必须注明 event 参数 **/
2   $('#file_upload_1').on("change", function(event) {
3
4       var params = {};
5       params[FsSpec.Upload_AppId] = "foo";
6       params[FsSpec.Upload_BizType] = "test";
7       params[FsSpec.Upload_BizCode] = this.name;
8
9       FsFormUtil.uploadFileById(this.id, "proxy/upload_photo_bsw_os.do",
10                          params,onSuccess_upload,onError_upload);
11  });
```

代码 8-4 中，通过调用一个 JS 函数发起上传的动作，该函数中指明了后端上传接口。不仅如此，在函数调用之前还准备了三个参数，用于区分该上传的归属。

- appId：用于识别该上传所属的应用（应用层面）。
- bizType：用于识别该上传所属的（应用下的）业务（对应功能页面）。

● bizCode：用于识别该上传所属的（业务中的）子项（对应页面中的项）。

第7行，用文件上传组件的名称来区分业务子项，恰好是多个上传业务模块共用一个上传组件的关键。因为上传组件的名称来源于各个上传按钮的 ID（代码 8-2 中第 4 行），也就是说，上传按钮触发时会将区分业务模块的 ID 传入到文件上传组件的名称属性上，继而传入到业务子项参数（"bizCode"）中。

也就是说，有多少个上传业务模块，就有多少个上传按钮，通过按钮的 ID 来区分业务模块，而文件上传组件只需一个即可。这就可以解释前面的问题①。

代码 8-5 是代码 8-4 中发起上传动作的 JS 函数。

代码 8-5　表单上传 JS 函数

```
1   /**
2    * 按 id 选择器上传文件 (依赖 jQuery form js 库) (适用于动态项上传)
3    * @param file_ele_id         文件上传组件 id
4    * @param url                 接收上传的 url
5    * @param params              业务参数, 包含【bizCode】、【appId】、【bizType】
6    * @param onSuccess           成功回调函数
7    * @param onError             失败回调函数
8    */
9   FsFormUtil.uploadFileById = function(file_ele_id, url, params,
10                                       onSuccess, onError) {
11
12      var fileEle = $("#"+file_ele_id)[0];
13
14      var fmData = new FormData();
15
16      //业务相关字段(appId、bizType、bizCode)
17      fmData.append(FsSpec.Upload_AppId, params[FsSpec.Upload_AppId]);
18      fmData.append(FsSpec.Upload_BizType,params[FsSpec.Upload_BizType]);
19      fmData.append(FsSpec.Upload_BizCode,params[FsSpec.Upload_BizCode]);
20
21      for(var i = 0; i < fileEle.files.length; ++i) { //遍历所有文件对象
22          fmData.append("file_"+(i+1), fileEle.files[i]);
23      }
24
25      $.ajax({ //发起 ajax 请求
26          url:  url,
27          type: 'POST',
28          data: fmData,
29          async: false,
30          cache: false,
31          contentType: false,
```

```
32              processData: false,
33              success: onSuccess,
34              error: onError
35          });
36      };
```

代码 8-5 中，最终还是通过 AJAX 机制发起文件上传（第 25 行），其中的核心参数 "fmData"（第 28 行），并不是页面的表单（"<form>"）组件，而是重新构造出来的（第 14 行）。用于区分上传归属的三个属性（第 17 行到第 19 行）以及全部选择的文件（第 21 行到第 23 行）都会添加到该结构中（通过 "append" 方法）。

FormData 对象是 JavaScript 扩展规范中的新特性，用于构造表单数据。这样就可以解释文件上传为什么不用依赖表单组件，也回答了为什么表单组件没有指明文件上传接口的问题（问题③）。

表单数据上传成功后，还需要回显所上传的结果（即图片列表）。代码 8-5 中是通过回调函数来实现的：第 33 行的 "onSuccess" 指成功回调，而第 34 行的 "onError" 指错误回调。

代码 8-6 是成功回调函数的完整代码。

代码 8-6　表单上传成功回调处理

```
1   function onSuccess_upload(text) {
2
3       var result = $.parseJSON(text);
4       if( result[FsSpec.STATUS]==FsSpec.STATUS_OK ) { //状态 OK
5
6           var arr = result[FsSpec.CONTENTS]; //JSONArray
7           var pair = result[FsSpec.EXTRAS].split(FsSpec.Sep_Exp);
8           var bizCode = pair[0];
9
10          for(var i = 0; i < arr.length; ++i) {//遍历记录数
11
12              var row = g_templ.replace(/{{id}}/g, arr[i]["fsrid"])
13                              .replace(/{id}/g, '#'+arr[i]["fsrid"])
14                              .replace(/{{bizCode}}/g, bizCode)
15                              .replace(/{{url}}/g, arr[i]["url"])
16                              .replace(/{{title}}/g, arr[i]["title"])
17                              .replace(/{{thumb}}/g, arr[i]["thumb"]);
18              $('#v_photo_'+bizCode).append(row);
19
20              //删除已上传图片(动态绑定)
21              $('a.btn_del').on('click', function() {
22                  $('#box_'+this.rel).remove();
```

```
23                    });
24               }
25
26               $('#file_upload_1').attr("type", "text");
27          } else {
28               toastr.error(result[FsSpec.CONTENTS],'错误信息', {timeOut:100});
29          }
30     }
```

从代码 8-6 可知，表单上传成功后，文件上传接口返回的内容是 JSON 格式的文本数据（第 3 行），其中的主体内容是一个 JSON 数组，数组元素即是每一个图片文件的上传信息（第 6 行）。

显示上传结果的步骤：①遍历所返回的图片上传记录，依据每条记录替换行模板，生成 HTML 代码块（第 12 行）；②并依次添加到用于回显上传信息的组件中（即代码 8-1 中第 16 行和第 26 行所定义的、空白的<div>组件）。这样在页面中就可以看到所上传的图片信息了。

此外，为了响应删除按钮的点击事件，还需在填充图片列表的 HTML 语句之后（第 18 行），动态绑定删除按钮对点击事件的回调处理（第 21 行）。

不仅如此，在上传回调处理之后，还应将文件上传组件的"type"属性值设置为"text"。其目的是为了在后续的上传中变动文件上传组件的"type"属性值（从"text"变为"file"），以保证文件上传组件的改动事件（"onchange"）能够触发。这也是对问题②的解释。

因为在特殊情况下，例如：后续选取的文件与前次选取的文件相同，文件上传组件的属性"files"就不会发生变动，那么就会导致无法触发文件上传组件的改动事件，也就无法执行文件上传操作了。

代码 8-7 即是代码 8-6 中所提到的行模板（第 12 行）的定义。

代码 8-7　上传信息记录行模板

```
1    //图片单元模板1
2    var g_templ =
3        '<div id="box_{{bizCode}}_{{id}}" style="display:inline;">\
4          <a id="img_{{bizCode}}_{{id}}" target="_blank" rel="{{bizCode}}"
5            href="proxy/get_obj_view.do?key={{url}}" >\
6              <img width="120" height="120" name="image_{{bizCode}}"
7                   style="padding:4px;" rel="{{id}}" title="{{title}}"
8                   src="proxy/get_obj_view.do?key={{url}}"/>\
9          </a>\
10         <span id="{{bizCode}}_{{id}}">\
11             <a href="javascript:void(0)" rel="{{bizCode}}_{{id}}"
12                                            class="btn_del">\
```

```
13                      <img width="24" height="24" class="fs-image-icon-del"
14                                   src="images/del.png" />\
15              </a>\
16          </span>\
17      <span style="clear:both;"></span>\
18  </div>';
```

从代码 8-7 可知，所谓模板就是带占位符（形如{{xxx}}）的 HTML 代码。其中主要的属性包括"bizCode"和"id"。"bizCode"就是用于区分上传子项的标识；而 id 则是上传记录的 id，每一条上传记录的 id 都是唯一的。如此一来，不仅可以区分不同上传项（例如登记照和身份证）的上传结果，还可以区分同一类下面的上传明细。

不仅如此，对于已上传的图片的展示，虽然也是使用"<img>"标签，但其属性"src"却是后台接口的 URL，有且仅有一个名为"key"的参数（第 8 行），其值即为所上传创建的对象的键值。

模板中占位符中的内容（即"{{xxx}}"中的"xxx"）即为文件上传接口所返回的图片上传信息中的属性名。表 8-1 是文件上传接口所返回的图片上传记录的数据结构。

表 8-1　文件上传记录结构

属性名	说　明
fsrid	记录行 id（UUID）
appId	归属应用标识
type	归属业务类型（bizType）
extras	附加信息（会存放 bizCode）
bizId	关联业务记录 id
title	附件标题（文件名）
url	附件地址（相对）
thumb	缩略图地址（相对），仅对图片有效
batchNo	上传批次编号
dispno	显示顺序（批次内依次增加）
tsp	上传时间戳

表 8-1 中，"appId""type"和"extras"这三项内容即是代码 8-5 中放入表单数据的内容，"title"项保存的是所上传的本地文件名（不包括路径），而"url"则是保存到对象存储系统的路径。

其中需要注意的是"bizId"，其用于存放业务记录（即本例中的个人信息记录），业务记录与上传记录的关系是 1 : n，而且还可以细分 1 条业务记录（对应新增页面）包含多个上传项（如登记照和身份证），每一个上传项又包含多条上传记录（如身份证的正面和反面照片）。即通过"bizId"即可获取归属每一条业务记录的所有上传记录：先按"bizId"筛选，再按"bizCode"筛选，从而就可以还原上传的归属关系。

另外一个问题是，图片是先上传的，而业务记录是后上传的，如何将业务记录 ID 回写到图片上传记录中？该操作是通过记录保存接口来实现的：将上传记录 ID 和业务记录信息一并传入到后端，在后端依据上传记录 ID 即可定位到对应的记录，并将生成的业务记录 ID 回写到上传记录中。

（2）文件上传接口

代码 8-8 是代码 8-4 中所提及的文件上传接口的实现。在 Web 应用中，所谓接口就是指 Controller 组件定义的、用于"暴露"给外部应用的条目。

代码 8-8　文件上传接口

```
1      @RequestMapping(value = "/upload_photo_bsw_os",
2                      method = {RequestMethod.POST})
3      public String photo(HttpServletRequest request,
4                      HttpServletResponse response) {
5
6          final String TAG0 = Module_Tag+"::upload_photo_bsw_os()";
7
8          /** STEP1: 获取上传配置 */
9          FsUploadCfg_Os cfg = uploadService.initConfig(request,
10                                     appProperties, IDef.Upload_Photo);
11         if(cfg.getErrorText() != null) { //有错误信息
12             …… //输出错误信息并返回
13         }
14
15         /** STEP2: 调用服务组件的上传方法*/
16         FsResult result = uploadService.uploadToObj(cfg, request, TAG0);
17
18         /** STEP3: 检查结果状态 */
19         if(result.getStatus() != FsSpec.STATUS_OK) { //状态非预期
20             …… //输出错误信息并返回
21         }
22
23         /** STEP4: 解析上传反馈结果 */
24         //上传结果列表
25         final JSONArray parts = (JSONArray) result.getContents();
26         //解析 appId、bizType 和 bizCode 这三项
27         ……
28         //上传记录列表
29         JSONArray arr = new JSONArray();
30         int fileNo = 1;
31         final String batchNo = FsSysUtil.getInstance().getIdOfTsp();
32
33         for(int i = 0; i < parts.length(); ++i) { //遍历上传项
```

```
34
35                FsPartItem item = new FsPartItem(parts.getJSONObject(i) );
36                if(item.isFile() ) { //是文件项
37
38                    /** STEP5: 保存上传记录 */
39                    UploadLog log = new UploadLog(appId, bizType,
40                             item.getTitle(),item.getFilename(),
41                             item.getFilename(), (int) item.getLen(),
42                             "bsw", "bsw", batchNo, fileNo++, bizCode);
43                    uploadLogCurdService.save(log);
44                    /** STEP6: 并以 JSON 的方式存入反馈结构中 */
45                    arr.put(log.toJSONObject(TAG0) );
46                }
47            }
48
49            if(arr.length() < 1) { //上传内容中没有图片
50                …… //输出错误信息并返回
51            }
52            /** STEP7: 反馈上传结果列表 */
53            this.responseUtil.printResult(response,
54                    new FsResult(FsSpec.STATUS_OK, FsSpec.Result_List,
55                    arr, bizCode), TAG0);
56            //必须为 null, 否则进行页面跳转
57            return (null);
58        }
```

代码 8-8 中，分为七个步骤。

1）获取上传配置（第 9 行），配置主要包括：存储 URL、授权 Token、业务容器名、分段对象容器名和上传大小限制。其中存储 URL 和授权 Token 是通过调用账户验证 API 动态获得，而另外三项则是由 Web 项目配置。

2）调用服务组件的上传方法，解析表单并上传文件内容以创建对象（第 16 行）。

3）检查 2）所返回的结果状态（第 19 行）。

4）解析 2）所返回的结果（第 25 行）。

5）将解析到的记录保存到数据库中（第 39 行到第 43 行）。

6）将上传记录添加到反馈结果中（第 45 行）。

7）将 6）中的结果反馈给调用端（第 53 行）。

其中第 2）步是核心，即调用文件上传服务组件的上传方法（第 16 行）。

代码 8-9 即是步骤 1）中 Web 项目所定义的对象存储服务相关配置。

代码 8-9　Web 应用中对象存储服务相关配置

```
1    ##对象存储服务设置
```

```
 2   os.url.auth = http://172.16.10.1:9999/auth/v1.0
 3   os.user = foo:test
 4   os.pass = 123456
 5   #目标容器
 6   os.container = fs-test
 7   #代码容器
 8   os.segments = segments-test
 9   #浏览对象的最大大小（单位：MB）
10   os.maxsize.view = 4
11   #下载对象的最大大小（单位：MB）
12   os.maxsize.download = 32
```

代码 8-9 中，从第 2 行到第 4 行分别是：验证 URL、账户名和密码。这三个参数即是账户验证 API 所需的参数，用来获取存储 URL 和授权 Token。

（3）文件上传服务

代码 8-10 是代码 8-8 中调用的文件上传服务组件的上传方法。

代码 8-10　文件上传服务组件：上传方法

```
 1   /**
 2    * 上传文件并创建对象<br>
 3    * 注意：Content-Disposition 描述需要在 Content-Type 项的前面
 4    * @param cfg                        上传配置
 5    * @param request                    包含上传输入流的 HTTP 请求
 6    * @param callingTag                 调用方标记
 7    * @return                     上传处理结果
 8    */
 9   public FsResult uploadToObj(FsUploadCfg_Os cfg,
10                       HttpServletRequest request, String callingTag) {
11
12       final String TAG0 = Module_Tag+"::uploadToObj()";
13
14       List<FsPartItem> list = null;
15       try {
16           list = FsUpload_Os.getInstance().handleUpload(request,
17                                               cfg, callingTag);
18       } catch (FileNotFoundException e) {
19           …… //异常处理
20       }
21
22       //将对象实例列表转换成 JSON 数组
23       JSONArray arr = new JSONArray();
24       for(int i = 0; i < list.size(); ++i) {
```

```
25              //是文件项、但文件名无效
26              if(list.get(i).isFile()&&(list.get(i).getFilename() == null)) {
27                  continue;
28              }
29
30              arr.put(list.get(i).toJSONObject() );
31          }
32
33          return new FsResult(FsSpec.STATUS_OK, FsSpec.Result_List, arr);
34      }
```

代码 8-10 中，服务组件调用工具类来处理表单上传（第 16 行），返回的是一个记录列表（第 14 行）。

代码 8-11 是工具类中处理表单上传的核心方法。

代码 8-11 文件上传工具类：解析上传表单

```
1  /**
2   * 处理上传请求<br>
3   * 注意：Content-Disposition 描述需要在 Content-Type 项的前面
4   * @param request              HTTP 请求
5   * @param cfg                  上传配置
6   * @param callingTag           调用方标签
7   * @return              上传的文件信息列表
8   * @throws IOException
9   */
10 public List<FsPartItem> handleUpload(HttpServletRequest request,
11                      FsUploadCfg_Os cfg,
12                      String callingTag) throws IOException {
13
14     final String TAG0 = Module_Tag+"::handleUpload()";
15
16     //创建文件上传处理器
17     ServletFileUpload upload = new ServletFileUpload();
18
19     List<FsPartItem> list = new ArrayList<FsPartItem>();
20
21     //开始解析请求
22     try {
23         FileItemIterator iter = upload.getItemIterator(request);
24
25         while (iter.hasNext()) { //依次处理表单项
26
```

```
27              FileItemStream item = iter.next();
28
29              final String name = item.getFieldName();
30              InputStream is = item.openStream();
31
32              if (item.isFormField()) { //是表单项，而非文件项
33
34                  FsPartItem info = new FsPartItem(name,
35                                      Streams.asString(is), false, null);
36                  list.add(info);
37
38              } else if(!this.parseUtil.isEmpty(item.getName())) {
39                  //是文件项，且文件名不为空
40                  final String newFilename = saveToOss(
41                                  item.getName(), is, cfg, callingTag);
42                  if(newFilename != null) { //解析正常
43                      FsPartItem info = new FsPartItem(
44                              name, item.getName(), true, newFilename);
45                      list.add(info);
46                  }
47              }
48              ......
49          }
50
51      } catch (FileUploadException e) {
52          ...... //异常处理
53      }
54      return (list);
55  }
```

代码 8-11 中，使用了 Apache 的公共文件上传处理组件来解析表单数据（第 17 行），其中表单项分为两类：表单项（例如姓名、性别等项）和文件项（图片文件），但无论是哪种类型，都采用流的方式读取（第 30 行），对于文件项需要先存储到对象服务系统中，并获取所存储的文件名（第 40 行）。

最终，将全部的表单项信息以列表的形式返回（第 54 行）。

代码 8-12 是代码 8-11 中保存文件项到对象存储服务的代码。

代码 8-12　文件上传工具类：保存文件项到对象存储服务

```
1  /**
2   * 解析上传内容并保存到文件
3   * @param filename          上传文件名
4   * @param is                HTTP 输入流
```

```
 5      * @param cfg                        上传配置
 6      * @param callingTag                 调用方标签
 7      * @return                  保存文件名
 8      */
 9     private String saveToOss(String filename, InputStream is,
10                         FsUploadCfg_Os cfg, String callingTag) {
11
12         final String TAG0 = Module_Tag+"::saveToOss()";
13
14         /**STEP1：解析文件内容、并计算内容签名*/
15         //输出
16         ByteArrayOutputStream baos = null;
17         final int maxSize = (int) cfg.getMaxSize();
18
19         MessageDigest mdInst = null;
20         String errorText = null;
21
22         //缓冲区
23         byte[] buffer = new byte[FsSpec.Buffer_Size_8kB];
24         int count = 0;
25         int counter = 0;
26
27         try {//按字节流读取文件项
28             baos = new ByteArrayOutputStream();
29
30             // 获得MD5摘要算法 MessageDigest 对象
31             mdInst = MessageDigest.getInstance("MD5");
32
33             while((count = is.read(buffer)) != -1) { //按缓冲区读取
34
35                 counter += count; //累计读取字节，用于检测大小超限
36
37                 if(counter > maxSize) { //文件大小超限
38                     errorText = "文件【"+filename+"】大小超限【"+maxSize+"】";
39                     break;
40                 }
41
42                 // 使用指定字节更新摘要
43                 mdInst.update(buffer, 0, count);
44
45                 baos.write(buffer, 0, count);
46             }
47         } catch(NoSuchAlgorithmException e) {
```

```
48              ...... //异常处理
49        }
50
51        final String md5sign = this.cryptoUtil.md5_32bits(mdInst, TAG0);
52        final String newFilename = md5sign + FsSpec.Char_Dot +
53                          this.parseUtil.extractFilenameExt(filename);
54
55        //STEP2：上传对象
56        final int resultCode =
57              this.osUtil.putObject(cfg.getStorageUrl(), cfg.getToken(),
58                            cfg.getContainer(), newFilename,
59                            baos.toByteArray(), 0, counter);
60        ......
61        return (newFilename);
62  }
```

代码 8-12 中，并不是直接将读取到的数据用来创建对象，而是先获取对象的键值，该键值取的是数据内容的 MD5 签名（第 51 行），然后通过上传字节流来创建对象（第 57 行）。对应的工具 API 参见第 7 章。

该方法最终返回的是对象名，形如"74f6cf5c5a9176b39ec0019ce4960ec7.jpeg"，工具类将对象名作为解析结果返回给服务组件，服务组件再作为上传结果反馈给接口组件，最终该值将作为所创建对象的键值（key）存入到数据库（"url"属性）中。

很明显，这种处理方式仅适用于小文件，并不适用于大文件，否则内存将会吃不消（第 45 行）。

（4）小结

图 8-6 是上述 Web 应用与存储系统的集成结构。

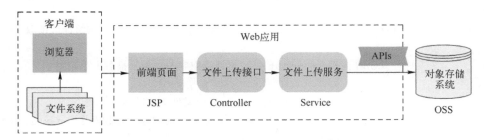

图 8-6　Web 应用与存储系统集成结构

图 8-6 中，直观地展示了本地文件是如何通过 Web 应用（的各个组件）上传到（对象）存储系统的，其中"APIs"即是在第 7 章中所实现的客户端工具 API 集合，会以 JAR 包的形式加入到 Web 应用中。

对于其他环节，例如提交表单、记录保存接口以及业务记录保存服务，与存储系统集成的关系不大，故不再进行详述。

8.2.3　集成示例 2：显示图片

（1）图片显示功能的集成

实际上，在 8.2.2 节示例 1 中，图片成功上传后回显所上传的图片列表，就是一个获取图片对象内容并显示的例子。在代码 8-7 中，图片属性"src"中的"get_obj_view.do"就是用于获取对象内容并反馈给浏览器进行显示（渲染）的接口。

图 8-7 是图片显示功能中 Web 应用从对象存储系统中获取对象内容的示意。

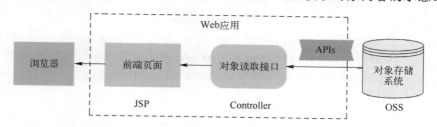

图 8-7　Web 应用从对象存储系统中获取对象内容

图 8-7 中，因为不涉及例如表单数据解析等复杂过程，所以省略了服务组件，由对象读取接口直接调用客户端工具 API 来获取对象内容，并反馈给前端页面进行显示。

（2）对象读取接口

代码 8-13 即是图 8-7 中所示对象读取接口的实现代码。

代码 8-13　对象读取接口

```
1   /**
2    * 获取对象流
3    * @param key                        对象键值
4    * @param response                   HTTP 应答接口
5    */
6   @RequestMapping(value = "/get_obj_view",
7                   method = {RequestMethod.GET,RequestMethod.POST})
8   public void view(@RequestParam("key") String key,
9                   HttpServletResponse response) {
10
11      final String TAG0 = Module_Tag+"::get_obj_view("+key+")";
12
13      //刷新对象存储服务访问 Token
14      osProxyService.refreshToken();
15      //检查对象存储服务配置
16      if(!FsAppContext.hasAttr(FsOsSpec.Key_X_Storage_Url)) {
17          …… //返回错误信息
```

```
18         }
19
20         //STEP1: 对象大小 check
21         String errorText = checkSize(appProperties.getOsContainer(), key,
22                                      appProperties.getOsViewMax() );
23         if(errorText != null) {
24             …… //返回错误信息
25         }
26
27         //STEP2: 获取对象内容
28         byte[] bytes = this.osUtil.getObject(
29             FsAppContext.getAttr(FsOsSpec.Key_X_Storage_Url).toString(),
30             FsAppContext.getAttr(FsOsSpec.Key_X_Token).toString(),
31             appProperties.getOsContainer(), key,null);
32         if(null == bytes) {
33             …… //返回错误信息
34         }
35
36         //STEP3: 按字节流输出
37         if(!this.responseUtil.printBytes(response, bytes, TAG0) ) {
38             …… //返回错误信息
39         }
40 }
```

代码 8-13 中，对象读取接口经历了四个步骤。

1）刷新授权 Token：为了防止授权 Token（客户端工具 API 的主要参数之一）超过生命周期而过期，主动刷新 Token（第 14 行）。

2）检查对象大小：为了防止对象的内容过大造成 I/O 内存溢出，需要预先进行检查（第 21 行），其中业务容器和内容大小限制阈值都源于 Web 应用的配置（代码 8-9 中）。

3）获取对象内容，调用对象存储系统客户端工具 API，按字节流获取对象内容（第 28 行）。

4）按字节流反馈，对象读取接口将对象内容（字节流）反馈给调用端（浏览器）（第 37 行）。

其中，入参"key"即是文件上传接口所反馈给页面的对象的键值（属性"url"）。

代码 8-14 即是检查对象内容大小是否超限的代码。

代码 8-14　对象读取接口：检查对象内容大小是否超限

```
1 /**
2  * 检查对象大小是否超限
3  * @param container              对象所在的容器
4  * @param key                    对象键值
```

```
5      * @param MAX_SIZE                          最大大小(字节)
6      * @return                        错误信息|null
7      */
8      private String checkSize(String container, String key, int MAX_SIZE) {
9
10         final long contentLen = this.osUtil.getSize(
11             FsAppContext.getAttr(FsOsSpec.Key_X_Storage_Url).toString(),
12             FsAppContext.getAttr(FsOsSpec.Key_X_Token).toString(),
13             container, key);
14         if(contentLen < 0) { //内容长度无效
15             return ("对象【"+container+"/"+key+"】内容长度无效！");
16         } else if(contentLen > MAX_SIZE) { //超限
17             return ("对象【"+container+"/"+key+"】内容长度超限！");
18         }
19
20         return (null);
21     }
```

代码 8-14 中，通过调用客户端工具 API 来获取目标对象的内容长度（字节数）再与应用配置中的阈值进行比较（第 16 行），从而实现检查。

（3）输出内容到浏览器

代码 8-15 是代码 8-13 中按字节流向客户端（浏览器）反馈对象内容的核心代码。

代码 8-15　输出反馈：输出字节流

```
1      /**
2       * 输出字节流
3       * @param bytes                           字节数组
4       * @param offset                          字节偏移(基于 0)
5       * @param len                             写入字节长度
6       * @param response                        HTTP 应答接口
7       * @param callingTag                      调用方标签
8       * @return                        操作是|否成功
9       */
10     public boolean printBytes(HttpServletResponse response,
11                             byte[] bytes, int offset, int len,
12                             String callingTag) {
13
14         final String TAG0 = Module_Tag+"::printBytes()";
15
16         //返回给客户端的输出流
17         ServletOutputStream sos = null;
18
```

```
19      try {
20          response.reset();
21          //获取 HTTP 应答接口的输出流
22          sos = response.getOutputStream();
23          //向输出流输出字节内容
24          sos.write(bytes, offset, len);
25          sos.flush();
26
27      } catch(IOException e) {
28          …… //异常处理及善后
29      }
30      return (true);
31  }
```

代码 8-15 中，通过应答接口的输出流，按字节流方式输出对象的内容（第 24 行）。对象读取接口支持 GET 方法，所以可以在新标签页中浏览图片，如图 8-8 所示。

图 8-8   使用对象读取接口在新标签页中浏览图片

实际上，图 8-8 的这种显示方式和图 8-3 中的方式的本质是一样的，都是调用同一接口，返回的是图片对象内容的字节流。

8.2.4   集成示例 3：下载文件

（1）文件下载功能的集成

文件下载也是常见的一种应用场景，适合那些不能在线浏览的内容（例如压缩包、电子表格等）。但是从实现机制上，文件下载和示例 2 中的图片显示是一样的，无非就是内容的展示方式不一样。

图 8-9 是文件下载功能的示意，其主要思路也是从存储系统获取对象内容，然后通过 Web 应用推送到浏览器，再由浏览器保存到本地文件系统。

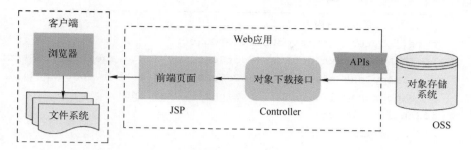

图 8-9　Web 应用中的文件下载功能实现结构

图 8-9 中，相比图 8-7，所获取的对象内容没有在页面显示，而是保存到本地文件系统。

（2）对象下载接口

代码 8-16 是图 8-9 中对象下载接口的代码。

代码 8-16　对象下载接口

```
1   /**
2    * 下载对象流
3    * @param key                       对象键值
4    * @param response                  HTTP 应答接口
5    */
6   @RequestMapping(value = "/get_obj_download",
7                   method = {RequestMethod.GET,RequestMethod.POST})
8   public void download(@RequestParam("key") String key,
9                   HttpServletResponse response) {
10
11      final String TAG0 = Module_Tag+"::get_obj_download("+key+")";
12
13      //刷新对象存储服务访问 Token
14      osProxyService.refreshToken();
15      //检查对象存储服务配置
16      if(!FsAppContext.hasAttr(FsOsSpec.Key_X_Storage_Url)) {
17          …… //返回错误信息
18      }
19
20      //STEP1: 对象大小 check
21      String errorText = checkSize(appProperties.getOsContainer(), key,
22                          appProperties.getOsDownloadMax() );
23      if(errorText != null) {
24          …… //返回错误信息
25      }
26
```

```
27      //STEP2：获取对象内容
28      byte[] bytes = this.osUtil.getObject(
29          FsAppContext.getAttr(FsOsSpec.Key_X_Storage_Url).toString(),
30          FsAppContext.getAttr(FsOsSpec.Key_X_Token).toString(),
31          appProperties.getOsContainer(), key, null);
32      if(null == bytes) {
33          …… //返回错误信息
34      }
35
36      //STEP3：按字节流下载输出
37      if(!this.responseUtil.printBytes(response, bytes,
38                      this.parseUtil.extractPathFilename(key), TAG0) ) {
39          …… //返回错误信息
40      }
41  }
```

代码8-16中，对比代码8-13（对象读取接口），即可发现这两个接口的差异仅在于反馈给客户端的方式：下载接口比读取接口多一个文件名的参数（第38行）。

（3）输出内容到浏览器

代码8-17是代码8-16中输出对象内容到客户端（浏览器）的核心实现。

代码8-17　输出反馈：输出字节流（按下载）

```
1   /**
2    * 下载字节流
3    * @param response              HTTP 应答接口
4    * @param bytes                 字节数组
5    * @param offset                字节偏移(基于 0)
6    * @param len                   写入字节长度
7    * @param fileName              附件下载文件名
8    * @param callingTag            调用方标签
9    * @return              操作是|否成功
10   */
11  public boolean printBytes(HttpServletResponse response,
12                      byte[] bytes, int offset, int len,
13                      String fileName, String callingTag) {
14
15      final String TAG0 = Module_Tag+"::printBytes()";
16
17      //STEP1：设置 HTTP 头部
18      String filenameDecode = fileName;
19      try {
20          filenameDecode =
```

```
21              new String(fileName.getBytes(FsSpec.Charset_Default),
22                  FsSpec.Charset_Http_Header);
23
24          } catch (UnsupportedEncodingException e) {
25              …… //异常处理及返回
26          }
27
28      //STEP2：返回给客户端的输出流
29      ServletOutputStream sos = null;
30
31      try {
32          response.reset();
33          response.addHeader("Content-Length", ""+len);
34          //HTTP 头部参数按 ISO-8859-1 编码
35          response.addHeader("Content-Disposition",
36              "attachment; filename=\""+filenameDecode+"\"");
37          response.addHeader("content-type",
38              "application/octet-stream; charset="+FsSpec.Charset_Default);
39          //获取 HTTP 应答接口的输出流
40          sos = response.getOutputStream();
41          //向输出流输出字节内容
42          sos.write(bytes, offset, len);
43          sos.flush();
44
45      } catch(IOException e) {
46          …… //异常处理及善后
47      }
48
49      return (true);
50  }
```

从代码 8-17 中可以看出，正是这个多出来的参数用来作为下载内容的文件名（第 36 行）。不仅如此，这个文件名还需要按照特殊的编码（ISO-8859-1，而不是 UTF-8）来实现。

当浏览器检查到返回结果的头部信息中有 "Content-Disposition" 时，就 "知道" 这是下载请求，就会 "正式" 地调出下载对话框来进行下载保存，且其文件名默认按 "filename" 属性的值，而不是像图片显示那样，能够识别就在页面显示，如果不能识别才按下载处理，但文件名是系统随机赋予的。

8.2.5　Web 应用集成小结

通过上述三个示例，大致可以总结出 Web 应用与存储系统集成过程的特点。

1）Web 应用的实现有典型的分层结构，与前端页面交互的是接口组件（Controller），而与对象存储系统交互的主要是服务组件（Services）。

2）Web 应用的实现是通过用户与页面交互触发的，最终上传/获取的内容也会体现在页面上（业务闭环）。

3）对于 Web 应用中的数据存取，并不适合采用并行处理，所以无论是在连接超时还是数据量方面，都会存在一定的限制。

4）浏览器是一个特殊的客户端，Web 应用需要遵照浏览器在通信方面的规范。

8.3 工具类应用与存储系统集成

8.3.1 工具类应用的集成模式

在前面对集成点的分析中已经提到，C/S 应用主要是工具层面的应用，工具类应用与存储系统的集成要相对简单，即在主线程或子线程中直接调用客户端工具 API 来与存储系统进行交互。图 8-10 是工具类应用与存储系统的集成模式示意。

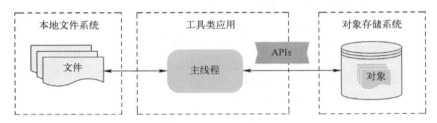

图 8-10　工具类应用与存储系统的集成模式

图 8-10 中，工具类应用的主线程通过调用客户端工具 API 来与存储系统进行交互，从而实现系统集成。另外一方面，工具类应用直接依托本地文件系统，进行数据的获取和转储。如此一来，工具类应用成了本地文件系统与对象存储系统之间的桥梁。

按照数据的主要流向，集成的场景也包括两类：上传本地文件到存储系统和从存储系统获取对象内容到本地文件系统。

8.3.2 集成示例 1：上传文件到存储系统

在 Web 应用中，也有文件上传的示例，但由于 Web 应用中对于连接超时及数据量的限制，文件不宜过大，所以 Web 应用中有关文件上传的场景相对比较简单。但是在工具类应用中，将会面对各种情形，不仅包括常规上传（小文件），还包括大文件的上传。

（1）常规上传

代码 8-18 是工具类应用中上传常规文件的代码。

代码 8-18　工具类功能：常规上传

```
1   //创建文件句柄
2   File file1 = new File(filePath);
3   //通过上传文件来创建对象，返回结果码
4   Boolean result= this.osUtil.putObject(storageUrl, token, Container1,
5                                       file1.getName(), file1);
```

代码 8-18 中，首先依据本地文件来创建文件句柄，然后调用客户端工具 API 来上传文件以创建对象，并获得操作结果。

（2）上传大文件

对于代码 8-18，如果上传较大的文件（例如视频等），将会耗费较长的时间，进而会增大通信超时的风险。所以代码 8-18 并不适用于对大文件的上传。

在第 6 章和第 7 章，已经详细介绍过上传大文件的方案和 API，即分段上传：将大文件切分成若干分段进行上传，记录每个分段的上传信息；等待所有的分段都成功上传后，归集全部分段的上传信息，合并成清单；最后将清单上传。

为了便于区分管理，分段文件和清单应存储到不同的容器中。

代码 8-19 是上传大文件的常规实现。

代码 8-19　工具类功能：上传大文件

```
1   /**
2    * 上传大文件以创建大对象
3    * @param storageUrl              对象存储 URL
4    * @param token                   授权 token
5    * @param container               业务容器（用于存储清单）
6    * @param objectKey               目标大对象键值
7    * @param file1                   大文件句柄
8    * @param CONTAINER_segments      分段对象存储的容器
9    */
10  private void putLargeFile(String storageUrl, String token,
11                          String container, String objectKey,
12                          File file1, String CONTAINER_segments) {
13      //I/O 缓冲区
14      byte[] buffer = new byte[FsOsSpec.Buffer_Size_8MB];
15      //文件输入流（用于读取大文件）
16      FileInputStream fis = null;
17      int bytesCount = -1;
18      //用于记录分段索引（基于 0）
```

```
19      int index = 0;
20      //用于汇集分段上传信息
21      JSONArray parts = new JSONArray();
22
23      try {
24          //按文件流读取大文件
25          fis = new FileInputStream(file1);
26
27          while((bytesCount = fis.read(buffer)) > 0) { //按缓冲区读取
28
29              //上传分段文件并获取分段上传信息
30              JSONObject part = this.osUtil.putSegment(
31                  storageUrl, token, CONTAINER_segments, objectKey,
32                  buffer, 0, bytesCount, index++);
33              if(part == null) { //上传分段异常
34                  this.logger.E(Module_Tag, "==> "+index);
35                  break;
36              }
37              //汇集分段上传信息
38              parts.put(part);
39          }
40
41          //上传清单
42          this.osUtil.putManifest(storageUrl, token, container,
43                                  objectKey, parts);
44
45      } catch(IOException e) {
46          …… //异常处理及善后
47      }
48  }
```

代码 8-19 中，I/O 缓冲区大小设置为 8MB（因为是本地读取，缓冲区大小可以稍微设置得大一些），进而对大文件按照缓冲区进行分段读取（第 27 行），读取完成后，将缓冲区的内容上传到分段对象容器中，以创建分段对象（第 30 行）；确认分段对象创建成功后，归集分段上传信息（第 38 行）。

等待整个大文件都读取完成，再将汇集的上传信息上传到业务容器中（第 42 行），则整个上传任务宣告结束。

其中分段索引（"index"）用来记录每个分段的序号（基于 0），该序号将作为分段对象的前缀，分段对象的路径形如："{objectKey}/{index}"。

对于序号的约定，最大分段数 "max_manifest_segments" 在代理服务器配置中定义，默认是 1000。如何在不超过分段限制的基础上，合理确定分段大小，是一个实战技巧。

8.3.3　集成示例 2：从存储系统下载内容

和上传不一样，获取对象内容不区分常规对象和大对象。但是为了区分应用场景，本书还是将对象下载分为三种情形：常规下载、大对象下载和部分下载。

表 8-2 是对这三种情形的比较分析。

表 8-2　对象下载场景分析

场　　景	说　　明
常规下载	目的是为了下载对象的整体 一次性获取对象全部内容，适用于小对象
大对象下载	目的是为了下载对象的整体 按对象内容字节范围分段下载，分段存储或拼接还原，适用于大对象
部分下载	目的是为了下载对象的部分内容 按对象内容字节范围获取，适用于各种对象

对于表 8-2 中的三种情形，客户端工具 API 实际上只提供了两个 API：按文件下载获取对象内容和按字节流读取获取对象内容，这两个 API 的主要差异也仅体现在获取后内容的存放方式而已。也就是说，表 8-2 中三种方式的实现都可以使用相同的 API，其应用场景的差异在代码层面仅体现在参数的不同而已。

（1）常规下载

代码 8-20 是工具类应用中常规下载对象的代码。

代码 8-20　工具类应用：常规下载对象

```
1    //创建目标文件句柄
2    File file2 = new File(filePath);
3    //构造范围信息
4    FsOsRange range = null;
5    //下载对象内容并转储为目标文件、获得结果码
6    boolean result = this.osUtil.getObject(storageUrl, token, Container1,
7                                    file1.getName(),range, file2);
```

代码 8-20 中，首先构造一个新文件的句柄，然后调用客户端工具 API 来下载对象内容并保存到该文件中，并获得操作结果。

第 4 行的参数即是对象字节范围，当该参数为 null 时即表示无须按范围读取，而是整体下载；当该参数有效时，才会按参数值指定的字节范围下载对象内容。

也就是说，该下载方式既能下载常规对象，也能下载大对象。只是下载大对象的耗时较长，有连接超时的风险。

（2）大对象下载

对于大对象的下载，采用的是"先分后合"的方式：即将大对象内容按字节范围划分成若干段，依次或者并发地下载这些分段，等到所有分段成功下载后，再合成一

个整体。

在实际应用中，会依据内容切分的方式，将大对象的下载分为两种方式：按数据块下载和按清单下载。按数据块下载是将对象内容按大小相同的块进行切分并下载；按清单下载则是依据清单中分段对象的大小信息进行切分并下载。

1）按数据块下载大对象。

代码 8-21 是按数据块下载大对象的代码。

代码 8-21　工具类应用：按数据块下载大对象

```
1   /**
2    * 按数据块下载大对象内容
3    * @param storageUrl              存储 URL
4    * @param token                   授权 Token
5    * @param container               目标容器
6    * @param sloKey                  大对象名称键值
7    * @param blockSize               块大小（字节数）
8    * @param tDir                    下载临时目录
9    */
10  private void downloadByBlocks(String storageUrl, String token,
11                                String container, String sloKey,
12                                int blockSize, File tDir) {
13
14      final String TAG0 = Module_Tag + "::downloadByBlocks()";
15
16      //获取目标对象的大小（不区分常规对象和大对象）
17      long size = this.osUtil.getSize(storageUrl, token, container, sloKey);
18      if(size == -1) { //如果对象的大小无效则取消
19          return;
20      }
21
22      //按固定的块下载并计算块数
23      finalint blockCount = ((size % blockSize) == 0) ?
24                      (int)(size / blockSize) :
25                  1 + (int)(size / blockSize);
26
27      for(int i = 0; i < blockCount; ++i) { //按块依次下载
28
29          //构造范围信息
30          FsOsRange range = new FsOsRange(i*blockSize,
31                                      ((i+1)*blockSize)-1);
32          //构造分段临时文件名
33          final String partNo = this.strUtil.getSn(null, i, 3, TAG0);
```

```
34              File file1 = new File(tDir.getAbsolutePath() + "/block_" + partNo);
35              //按范围下载对象内容
36              this.osUtil.getObject(storageUrl, token, container, sloKey,
37                              range, file1);
38          }
39      }
```

代码 8-21 中，首先是获取对象的大小（字节数），然后计算出块数量（第 23 行），进而依次下载对象内容（第 27 行到第 38 行）。其中首先是计算当前块的字节范围（第 30 行），然后依据序号确定所下载的临时文件的文件名（第 34 行），最后就按照范围获取对象内容并转储到临时文件（第 36 行）。

图 8-11 是按数据块下载大对象的输出结果。

名称	类型	大小
block_000	文件	1,024 KB
block_001	文件	1,024 KB
block_002	文件	1,024 KB
block_003	文件	191 KB

图 8-11 按数据块下载大对象的结果

图 8-11 中，该对象被划分成 4 块（每块 1024KB），序号从 000～003。

2）按清单下载大对象。

代码 8-22 则是按清单下载大对象的代码。

代码 8-22 工具类应用：按清单下载大对象

```
1   /**
2    * 按清单下载大对象分段对象
3    * @param storageUrl              存储 URL
4    * @param token                   授权 Token
5    * @param container               目标容器
6    * @param sloKey                  大对象名称键值
7    * @param tDir                    下载临时目录
8    */
9   private void downloadByManifest(String storageUrl, String token,
10                              String container, String sloKey,
11                              File tDir) {
12
13      final String TAG0 = Module_Tag + "::downloadByManifest()";
14
15      //获取（静态）大对象的清单
```

```
16        JSONArray manifest = this.osUtil.getManifest(storageUrl, token,
17                                             container, sloKey);
18        if(null == manifest) { //若清单无效则取消
19            return;
20        }
21
22        //起始范围和终止范围
23        long from = 0;
24        long end = -1;
25
26        for(int i = 0; i < manifest.length(); ++i) { //按分段对象依次下载
27
28            //获取分段对象的上传信息、并从中获取分段对象的大小信息
29            JSONObject uploadInfo = manifest.getJSONObject(i);
30            long size = this.jsonGetter.getProp(uploadInfo, "size_bytes",
31                                             -1L, TAG0);
32            if(-1 == size) { //若分段对象中大小信息无效则取消
33                break;
34            }
35
36            //依据分段对象的大小计算终止范围
37            end = from + size;
38
39            //构造范围信息
40            FsOsRange range = new FsOsRange(from, end - 1);
41            //构造分段临时文件名
42            final String partNo = this.strUtil.getSn(null, i, 3, TAG0);
43            File file1 = new File(tDir.getAbsolutePath() + "/" + partNo + Ext);
44
45            //按范围获取对象内容并存储为文件
46            this.osUtil.getObject(storageUrl, token, container, sloKey,
47                                             range, file1);
48            //迭代下一个分段对象的起始范围
49            from = end;
50        }
51    }
```

代码 8-22 中，首先是获取目标大对象的清单，然后按分段对象依次对对象内容进行下载。其中，首先是获取分段对象的内容大小，再依据大小来计算当前分段的字节范围，最后按范围获取分段对象内容并转储为文件（第 46 行）。

图 8-12 是按清单内容下载大对象的输出结果。

名称	类型	大小
🖼 000.jpeg	JPEG 文件	97 KB
🖼 001.jpeg	JPEG 文件	92 KB
🖼 002.jpeg	JPEG 文件	111 KB
🖼 003.jpeg	JPEG 文件	140 KB

图 8-12　按清单内容下载大对象的输出结果

图 8-12 中，可知该大对象由若干个大小不一的分段对象组成，每个文件对应一个分段对象，每个文件的内容和上传时是一致的。

（3）部分下载

相比大对象的下载，部分下载的目的性更强：其目的不是"盲目"地获取对象整体内容，而是有针对性地获取内容中"感兴趣"的部分，这就需要了解内容的数据结构。

代码 8-23 是按指定的范围列表部分地下载对象内容的代码。

代码 8-23　工具类应用：按指定的范围列表部分地下载对象内容

```
1   /**
2    * 按内容范围列表下载对象内容
3    * @param storageUrl          存储 URL
4    * @param token               授权 Token
5    * @param container           目标容器
6    * @param objKey              对象名称键值
7    * @param ranges              目标范围列表
8    * @param tDir                下载临时目录
9    */
10  private void downloadByRanges(String storageUrl, String token,
11                                String container, String objKey,
12                                List<FsOsRange> ranges, File tDir) {
13
14      final String TAG0 = Module_Tag + "::downloadByRanges()";
15
16      for(int i = 0; i < ranges.size(); ++i) { //按指定范围逐一下载
17
18          //构造分段临时文件
19          final String partNo = this.strUtil.getSn(null, i, 3, TAG0);
20          File file1 = new File(tDir.getAbsolutePath() + "/item_" + partNo);
21
22          //指定下载内容并转储为文件
23          this.osUtil.getObject(storageUrl, token, container, objKey,
24                      ranges.get(i), file1);
25      }
26  }
```

代码 8-23 中，依据指定的范围列表逐一下载对象内容并转储为文件。相比之前的对象内容获取方式，范围参数由业务指定，与存储特征没有关系。

图 8-13 是部分下载对象内容的输出结果。

名称	类型	大小
item_000	文件	2 KB
item_001	文件	4 KB
item_002	文件	5 KB

图 8-13　部分下载对象内容的输出结果

图 8-13 中，下载内容从大小上没有任何规律可循，内容完全由业务来决定。

需要补充的是，在实际应用中，部分下载的内容一般都在内存中进行处理，不会导出成文件。之所以把下载内容转储为文件，仅仅是为了便于展示和理解。

8.4　应用集成技巧

在上述示例中，基本上是按照与通用存储系统的集成方式来进行，并没有过多考虑 Swift 存储系统的特性。而实际上，在企业应用中，Swift 存储系统的特性会发挥得更加淋漓尽致。

以下是一些实用的集成技巧或思路。

8.4.1　访问控制相关

对于访问控制，主要包括：账户管理、访问时效控制和对象加密。

（1）账户管理

在 Swift 存储系统的搭建过程中，账户的管理是通过设置内置账户来实现的，不允许动态增加和删除。相对于应用的管理方式，显得不够灵活，也存在安全隐患。

所以在应用中，不建议 Swift 存储系统的账户验证与业务系统的混在一起。业务系统的账号只需通过业务系统的验证，即可"畅通无阻"地访问对应账户下的对象。对于存储系统的账户验证包括授权 Token 的刷新，由业务系统底层"自动完成"。

业务系统与存储系统账户的对应关系，可按业务系统的关键属性（例如所属板块）进行配置管理。即：可以按照组织的业务关键属性来初始化内置账户，并与各业务系统进行关联绑定。

（2）访问时效控制

访问时效的控制，适用于那些既需要保持业务区域的访问控制，又需要临时开放一些访问权限的场景。例如：允许用户在规定时段内（如从申请之时起六小时内），可以通过给定的 URL 直接访问存储系统中的对象内容，一旦超过这个期限，则不可访问。

这种要求，既可以保证数据的正常提供，又可以防止静态链接导致的数据泄露。

在 Swift 系统中，可以使用两种方式来实现该场景。

1）临时 URL。

有关临时 URL 的用法，可参见第 11 章。

2）复制对象 + 设置对象有效时效。

将目标对象复制到开放的、公开可读的容器中（ACL 为 ".r:*"），并设置副本对象的过期时效（"setExpire"），即可通过副本对象的 URL 来访问对象。

URL 的格式：<协议>://<代理服务器 IP>:<端口>/v1/<账户名>/<目标容器>/<对象名>。

其中<目标容器>的 ACL 属性中必须包含 ".r:*" 元素。

（3）对象加密

因为 Swift 存储系统主要为企业内部业务提供服务，所以没有过度强调其安全管控。

对于对象（内容）加密的需求，有兴趣的读者可以参见官方文档网址是

https://docs.openstack.org/swift/latest/overview_encryption.html。

8.4.2　数据存取相关

数据存取相关的两个应用点分别是数据（对象内容）的增量爬取和创建静态网站，前者是涉及大数据量的数据挖掘，后者则涉及对象存储系统的内容展现方式。

（1）数据的增量爬取

在 Swift 存储系统中，容器中的对象，理论上可以是无限多。再加上对象存储这种扁平化方式，这两个都是数据爬取需要考虑的关键因素。

例如：一个容器下有百万级的对象，不可能每次都去爬一遍，必须考虑增量爬取。即只爬取 "热" 数据，包括新增的和更新过的。而如何获取增量数据，则可以从遍历容器中的对象条目入手。

原则上对于增量数据的判断，只需从对象的属性中获取，而不涉及读取对象内容本身。

在第 7 章中，有关浏览容器中对象列表的方法（"listAll"），提供了按照 "最后修改时间戳" 属性作为第一筛选条件的方式，这样可以大量减少 "冷" 数据，从而尽可能建立少的增量比较记录；另外，通过适当扩展增量比较的窗口（例如 1 个月内，该值由业务控制），从而尽可能减少增量数据的溢出（超过 1 个月还存在更新的记录数趋近零）。

通过这种方式，可以大大提高对容器中增量数据（对象）的甄别效率。

注意：遍历容器中的对象条目的效率非常高，无须担心其消耗。

（2）创建静态网站

对于不需要进行存取控制的区域（例如公开可读的容器），可以打造为静态网站，以便进行数据浏览。

有关创建静态网站的操作，可参见第 11 章。

8.5　结语：用存储系统"武装"你的项目

本章通过 Web 应用和 Java 工具类应用的示例，介绍了客户端与存储系统之间基于数据存取的集成过程。

通过这些示例，可以得出以下结论。

1）Swift 存储系统与 Java 项目的集成是可行的。

2）Swift 存储系统可以统一满足 Java 项目在各种应用场景下的数据存储需求。

如果对比其他集成方式（FTP 服务器、HDFS⊖、公有云存储），不难发现，Swift 存储系统为我们提供了一种高性价比的综合方案：基于私有云的对象存储方案。

而通过这个方案，可以把我们的应用武装得更为灵活和强大。

希望读者通过本章能够掌握以下技能。

1）理解 Web 应用与存储系统集成的场景及对应示例的实现关键，包括：常规文件的上传和下载。

2）理解 Java 工具类应用与存储系统集成的场景及对应示例的实现关键，包括：大文件的分段上传和下载。

3）了解存储系统的应用集成技巧，主要有：数据的访问时效控制、数据的爬取和（面向容器）创建静态网站。

⊖ Hadoop Distributed File System，即 Hadoop 分布式文件系统。

第9章 虚拟机管理

对于虚拟机管理，相信读者接触过的工具也不少，像 VMware Workstation（VMware 公司）、VirtualBox（甲骨文公司）、XenServer（Citrix 公司）等，都是在商业应用中大名鼎鼎的产品。然而，本书中对于虚拟机管理用到的却是一个后起之秀：KVM。

9.1 不得不说的 KVM

KVM 是 Kernel-based Virtual Machine（基于内核的虚拟机）的简称，是一个开源的系统虚拟化模块，Linux 自内核 2.6.20 起就将其集成在各个主要发行版本中。

KVM 使用 Linux 自身的调度器进行管理，所以相对于 Xen，其核心源码很少，系统轻巧。不仅如此，KVM 是基于硬件的完全虚拟化（相对于半虚拟化等），它的虚拟化需要硬件支持（Intel VT 技术或者 AMD V 技术）。

以上这些特性让 KVM 赢得越来越多的关注，应用到越来越多的商业系统中。KVM 目前已成为学术界的主流 VMM（Virtual Machine Monitor，虚拟机监视器）之一。

KVM 的官方网站是 http://www.linux-kvm.org/page/Main_Page。

9.2 条件检查

9.2.1 宿主机 CPU 是否支持虚拟化

KVM 要求宿主机的 CPU 必须支持虚拟化（Intel VT 或 AMD-V）。读者可用以下命令进行检测：

```
egrep -o '(vmx|svm)' /proc/cpuinfo
```

如有 "vmx"（Intel 定义标识）或 "svm"（AMD 定义标识）输出即表明 CPU 支持虚拟化，否则为不支持。

9.2.2　宿主机操作系统版本检查

KVM 还要求 Linux 系统的内核版本不低于 2.6.20。实际上，当前一般 Linux 系统都高于该版本，例如 Ubuntu 16.04 的 Linux 内核为 4.4。本书中即以 Ubuntu Server 16.04 LTS 为操作系统环境。读者可用命令行查看系统内核信息：

```
uname -a
```

将得到类似以下的输出：

```
Linux kvm-host 4.4.0-131-generic #157-Ubuntu SMP Thu Jul 12 15:51:36
UTC 2018 x86_64 x86_64 x86_64 GNU/Linux
```

其中标粗内容即为 Linux 内核版本。

9.3　安装 KVM

本章中对于 KVM 的安装从裸机开始，整个过程大致分为三个环节：准备宿主机、安装 KVM 工具和安装系统监测工具。

9.3.1　宿主机准备

（1）宿主机配置

因为宿主机"肩负"着虚拟机的运行和管理，所以对其配置有较高的要求。表 9-1 是宿主机的常规配置，读者可依据实际情况斟酌调整。

表 9-1　宿主机配置

项	配　　置
核心硬件	vCPU≥4（2×4 核） 内存≥32GB 存储空间≥4TB 网络吞吐≥1Gbit/s

表 9-1 中的估算，主要是依据所需虚拟机（VM）的台数来规划。

（2）系统安装

宿主机到位后，就可以安装操作系统，操作系统推荐采用 Ubuntu Server 16.04 LTS。

在系统的安装过程中，有两个环节需要注意：磁盘分区和软件安装。

1）磁盘分区。

本书中的宿主机以及虚拟机都是为对象存储系统服务的，而磁盘驱动器是存储服务系统的关键资源，所以磁盘驱动器的分区是搭建存储服务的关键环节。表 9-2 是宿主机磁盘分区的常规配置。

表 9-2　宿主机磁盘分区配置

项	配　置
磁盘分区	boot 分区：500MB swap 分区：32GB 根分区：剩余空间

表 9-2 中，boot 分区的容量通常相对固定，而 swap 分区的容量则是依据内存大小来设置，建议容量是系统内存的 1～2 倍。

2）安装 OpenSSH Server。

为了方便后续使用 SSH 客户端工具管理宿主机，需要安装 SSH 服务。图 9-1 是在安装 Ubuntu 操作系统的过程中，选择安装预定义软件的界面。

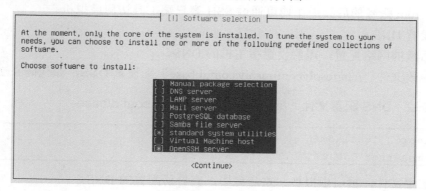

图 9-1　Ubuntu 系统软件安装界面

图 9-1 中，其中"OpenSSH server"即是 SSH 服务，需要勾选安装。

（3）设置 root 账户

1）设置 root 账号密码。

在 Ubuntu 的安装过程中要求不能使用 root 账户。但为了后续操作的方便，往往需要开通 root 账号。首先需要设置 root 账户的密码，此外还要允许 root 账户访问 SSH 服务。

普通用户需要使用超级管理权限来修改 root 账户密码：

```
sudo passwd root
```

接下来会输入当前用户的密码来获得超级管理权限，再设置 root 账号的密码。设置完成后，输入命令切换当前登录账号到 root 账号：

```
su -
```

按提示，输入 root 账号的密码即可切换到 root 账号。

2）允许 root 账号访问 SSH 服务。

因为 Ubuntu 系统默认不允许 root 账号通过客户端登录 SSH 服务，所以如果 root 账号要直接通过 SSH 客户端工具登录，则还需修改配置。

修改文件"/etc/ssh/sshd_config",将其中的项"PermitRootLogin"设置为"yes"即可。

修改后的内容如代码 9-1 所示。

代码 9-1　SSH 服务配置文件:/etc/ssh/sshd_config

```
1    ……
2    PermitRootLogin yes
3    ……
```

修改配置文件后,需要重启 SSH 服务:

```
/etc/init.d/ssh restart
```

至此,root 账号的后续操作均可通过 SSH 客户端工具访问虚拟机。

(4) 设置 DNS

为了后续的网络配置,需要设置宿主机的 DNS。

通过修改文件"/etc/resolvconf/resolv.conf.d/base"来设置 DNS,如代码 9-2 所示。

代码 9-2　DNS 配置文件:/etc/resolvconf/resolv.conf.d/base

```
1    #search localadmin
2    nameserver 172.16.10.1
```

保存配置文件,重启虚拟机;重启完毕,查看所配置的 DNS:

```
cat /etc/resolv.conf
```

若输出以下内容:

```
# Dynamic resolv.conf(5) file for glibc resolver(3) generated by
resolvconf(8)
#     DO NOT EDIT THIS FILE BY HAND -- YOUR CHANGES WILL BE OVERWRITTEN
nameserver 172.16.10.1
```

则说明 DNS 设置成功。

(5) 修改更新源

有关修改软件包的更新源,请参见第 12 章中有关软件包安装工具的说明。

9.3.2　安装 KVM 工具

(1) 安装工具包

切换至 root 账户,安装 KVM 工具包,命令行如下:

```
apt-get update
```

```
apt-get install qemu-kvm libvirt-bin bridge-utils libguestfs-tools \
                virtinst libosinfo-bin
```

注意：有些介绍中还包括 libvirt-clients 和 libvirt-daemon-system，但这两项已被 libvirt-bin 所取代，如果继续安装旧项，安装时会输出相关错误。

KVM 的安装目录是 "/var/lib/libvirt"，表 9-3 是对该目录结构的说明。

表 9-3　KVM 安装目录结构说明

项	说　明
boot	用于存放虚拟机安装镜像文件(.iso)
images	用于存放虚拟机镜像文件（.qcow2）

KVM 的配置文件则是存放于目录 "/etc/libvirt" 中，表 9-4 是对该目录结构的说明。

表 9-4　KVM 配置文件目录结构说明

项	说　明
qemu	用于存放虚拟机配置定义文件（.xml）
qemu/networks	用于存放虚拟机网络定义文件（.xml）

（2）配置桥接网络

KVM 工具虽然安装完成，但其默认的网络连接模式是 NAT，而在生产环境中通常采用桥接模式，所以还需额外定义桥接网络。

1）定义网络接口。

定义桥接网络的前提是定义虚拟网口，代码 9-3 是定义虚拟网口的配置。

代码 9-3　虚拟网口配置：/etc/network/interfaces.d/br0

```
1
2   ## static ip config file for br0 ##
3
4   auto br0
5   iface br0 inet static
6           address 172.16.10.213
7           broadcast 172.16.10.255
8           netmask 255.255.255.0
9           gateway 172.16.10.1
10          bridge_ports enp3s0    #bind the physical interface
11          bridge_stp 0ff
12          bridge_waitport 0
13          bridge_fd 0
```

代码 9-3 中定义了一个名为 "br0" 的网口，其绑定的是静态 IP（第 5 行），且桥接物理网口"enp3s0"（第 10 行）。

2）清除物理网卡配置。

定义虚拟网口后，需要清除虚拟网口所绑定的物理网口的配置，即在系统网口配置中删除有关物理网口的配置。其示例配置如代码 9-4 所示。

代码 9-4　系统网口配置：/etc/network/interfaces

```
1   # This file describes the network interfaces available on your system
2   # and how to activate them. For more information, see interfaces(5).
3
4   source /etc/network/interfaces.d/*
5
6   # The loopback network interface
7   auto lo
8   iface lo inet loopback
9
10  # The primary network interface
11
12  # remove primary network interface by bridge
```

修改完毕重启主机。

3）定义桥接网络。

虚拟网口定义完成，还需要定义桥接网络，代码 9-5 即是桥接网络定义文件。

代码 9-5　桥接网络定义文件：/root/bridged.xml

```
1   <network>
2   <name>br0</name>
3   <forward mode="bridge"/>
4   <bridge name="br0"/>
5   </network>
```

代码 9-5 中，第 2 行指定了网络的名称；第 3 行指定了网络的模式是桥接；第 4 行则是设定了桥接绑定的网口（即代码 9-3 中所定义的"br0"）。

定义文件准备完毕，还需要执行 KVM 的相关命令来执行定义操作，命令行如下：

```
virsh net-define -file /root/bridged.xml
```

至此，网络"br0"才有效，接下来则需要启动该网络：

```
virsh net-start br0
```

用户可以使用以下命令查看全部虚拟网络的情况：

```
virsh net-list
```

其输出内容如以下所示：

```
Name                      State        Autostart    Persistent
-----------------------------------------------------------------
br0                       active       yes          yes
default                   active       yes          yes
```

通过项的状态即可知道对应网络的状态。

至此，KVM 工具的安装才真正宣告完成。

9.3.3　安装系统性能监测工具

为了方便后期对宿主机的运行情况进行监控和分析，还需安装一些基础工具，包括 I/O 状况统计工具 iostat 和进程查看工具 htop。

（1）I/O 状况统计工具——iostat

iostat 是一个统计磁盘和 CPU 的使用状况的工具，安装命令如下：

```
apt-get install iostat
```

（2）进程查看工具——htop

htop 是一个交互式的系统进程查看工具，安装命令如下：

```
apt-get install htop
```

9.4　管理你的虚拟机（VM）

对于虚拟机的管理，按照时间先后可分为三个环节：准备模板虚拟机、准备虚拟机和运维管理。准备模板虚拟机指的是在初期，通过安装的方式来创建虚拟机，并把可以重用的虚拟机作为模板进行管理；准备虚拟机指的是虚拟机在投产前的准备过程，包括创建虚拟机（通过克隆模板的方式来创建）和进行个性化配置；而运维管理则指的是虚拟机投入运行后的管理。

不仅如此，考虑到宿主机和虚拟机的远程管理，还需要提前准备客户端工具。

9.4.1　客户端准备

客户端工具主要用于远程管理宿主机和虚拟机，主要包括 SSH 和 VNC 客户端。前者可用于对所有主机的远程管理，而后者则主要用于对虚拟机的远程安装。

（1）安装 SSH 客户端工具

为了方便对宿主机的远程管理，以及后续对虚拟机的管理，需要安装 SSH 客户端。

读者可以依据自身资源选择对应的客户端工具。本书中使用的是 XShell 工具。后续的操作都将基于 SSH 客户端工具开展。

注意：在宿主机准备环节，我们已经允许 root 账户登录 SSH 服务。后续的操作均可使用 SSH 客户端工具登录宿主机进行管理。

（2）安装 VNC 客户端

实例化的虚拟机主机由于无法获知其 IP，而只能通过其 VNC 端口访问，所以需要安装 VNC 客户端。一般推荐安装的是 VNC Viewer 工具。

9.4.2 宿主机准备

由于创建虚拟机需要上传镜像文件，为了方便在 SSH 客户端工具中传送文件，还需要在宿主机上安装相关工具。

（1）文件传输工具——lrzsz

lrzsz 是一款用于本地和远程的文件传输工具，安装命令如下：

```
apt-get install lrzsz
```

其用法主要就两种。

1）上传文件：

```
rz
```

2）下载文件：

```
sz <远程文件路径>
```

对于"rz"命令，SSH 客户端工具会弹出文件选择对话框，用于选择要上传到远程的文件；对于"sz"命令，则会弹出下载对话框，用于指定存储的目录和文件名。

（2）准备虚拟机安装镜像文件

lrzsz 工具安装后，就可以在 SSH 客户端工具中把各种操作系统的镜像文件上传到指定目录。在 KMV 工具中，镜像文件（.iso）默认存放于"/var/lib/libvirt/boot"目录中。

9.4.3 管理虚拟机

虚拟机管理分为三个环节：准备模板虚拟机、准备应用虚拟机和运维管理。

（1）准备模板虚拟机

该环节的主要任务有三点：创建虚拟机、安装虚拟机和模板虚拟机管理。

1）创建虚拟机。

虚拟机的安装使用"virt-install"命令来执行，考虑到其参数众多，于是将安装命令写入到脚本中。不仅如此，虚拟机的安装需要区分 Windows 和 Ubuntu 平台。

代码 9-6 是创建 Windows 虚拟机的脚本。

代码 9-6   创建 Windows 虚拟机：/var/lib/libvirt/vm-w-create.sh

```
1    ## Create Windows vm template w-templ
2    virt-install --connect qemu:///system \
3        --name w-templ \
4        --ram 2048 \
5        --vcpus=2 \
6        --disk path=/var/lib/libvirt/images/w-templ.qcow2,
7            device=disk,format=qcow2,bus=ide,cache=none,size=50 \
8        --cdrom /var/lib/libvirt/boot/ws-2008-r2.iso \
9        --os-type=windows \
10       --network bridge=br0,model=virtio,model=e1000 \
11       --hvm \
12       --graphics vnc,listen=0.0.0.0,port=5901 \
13       --virt-type=kvm \
14       --noautoconsole
```

代码 9-6 中，通过大量的参数指定了虚拟机的设置，包括：名称、内存大小、vCPU 数量、镜像文件及磁盘类型、安装镜像文件、网络、图像化管理客户端等。

代码 9-7 是创建 Ubuntu 虚拟机的脚本。

代码 9-7   创建 Ubuntu 虚拟机：/var/lib/libvirt/vm-u-create.sh

```
1    ## Create Ubuntu vm template u-templ ##
2    virt-install --connect qemu:///system \
3        --name u-templ \
4        --ram 2048 \
5        --vcpus=2 \
6        --disk path=/var/lib/libvirt/images/u-templ.qcow2,
7            device=disk,format=qcow2,bus=virtio,cache=none,size=20 \
8        --cdrom /var/lib/libvirt/boot/ubuntu-16.04.5-server-amd64.iso \
9        --os-type=linux \
10       --network bridge=br0,model=virtio,model=e1000 \
11       --hvm\
12       --os-variant=rhel6 \
13       --graphics vnc,listen=0.0.0.0,port=5911 \
14       --virt-type=kvm \
15       --noautoconsole
```

对比代码 9-7 和代码 9-6，不难看出 Windows 虚拟机配置和 Ubuntu 最大的差异在于磁盘的总线类型（"bus"），前者是"ide"，而后者是"virtio"。

代码 9-7 和代码 9-6 中，将分别创建名为"w-templ"和"u-templ"的虚拟机，这两台虚拟机安装成功后将分别作为 Windows 和 Ubuntu 虚拟机的模板。

由于所创建的虚拟机最终将成为对象存储服务集群的服务主机，所以对其配置有一定要求。表 9-5 是对象存储服务虚拟机的常规配置。

表 9-5　对象存储服务虚拟机常规配置

项	配　　置
核心硬件	vCPU≥2 内存≥8GB 存储空间≥50GB 网络吞吐≥1Gbit/s

另外，需要注意的是参数"graphics"，其用来指定该虚拟机的图形管理支持 VNC 客户端，且连接端口为 5901 和 5911（分配段基于 5901）。这个配置是非常有必要的，因为这个时候虚拟机所分配的 IP 地址还是未知的，无法使用 SSH 客户端进行远程连接。

执行安装脚本后，即开始虚拟机的安装，输入内容示例如下：

```
Starting install...
Creating domain...                              |   0 B  00:00:02
Domain installation still in progress. You can reconnect to
the console to complete the installation process.
```

上述输出中提示虚拟机已经在安装了，可以连接到控制台完成安装过程。这里提到的连接控制台的工具就是我们之前提到的 VNC 客户端工具 VNC Viewer。

VNC Viewer 通过宿主机的 IP 和安装虚拟机时指定的 VNC 端口就可以连接到虚拟机了，如图 9-2 所示。

连接成功之后，在 VNC Viewer 新窗体中将出现虚拟机安装界面，如图 9-3 所示。

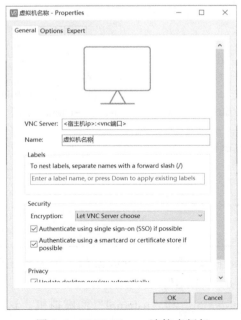

图 9-2　VNC Viewer 连接虚拟机

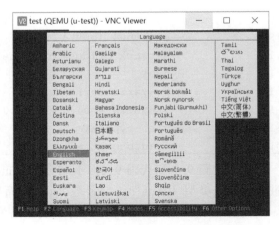

图 9-3　在 VNC Viewer 上安装虚拟机

2）安装虚拟机。

虚拟机的安装主要是安装操作系统，其过程和宿主机是相同的。在虚拟机的安装过程中，也需要注意一些环节。表 9-6 是对象存储服务虚拟机在安装过程中的常规配置要求，读者可以依据实际情况酌情调整。

表 9-6 对象存储服务虚拟机配置

项	配　　　置
磁盘分区	boot 分区：500MB swap 分区：8GB 根分区：剩余空间
操作系统	Ubuntu Server 16.04 LTS 安装 SSH 服务
软件配置	设置 root 密码
	允许 root 登录 SSH 服务
	修改更新源
	设置 DNS
	基础工具安装（iostat、htop）

表 9-6 中，相比宿主机的安装过程，在虚拟机的整个初始化安装过程中无须也不能设置固定 IP，因为该安装是为了留存模板虚拟机，而不是直接搭建服务器。

虚拟机安装成功后，就可以把当前的虚拟机作为模板留存；后期再准备应用虚拟机就无须通过安装来创建了，而是通过克隆模板来创建。

3）模板虚拟机管理。

图 9-4 是模板虚拟机常见的管理方式。

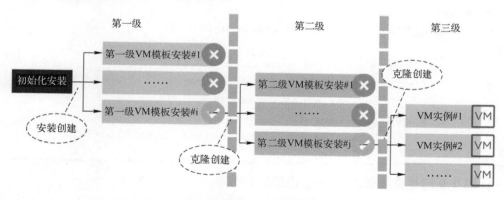

图 9-4 模板虚拟机常见的管理方式

图 9-4 中，典型地将虚拟机的搭建过程分为三级，前面两级都是为了留存模板虚拟机，只有第三级才是真正创建应用虚拟机。模板虚拟机也是虚拟机，但其目的是当模板用，而不是只作为一个服务器实例。

前面讲到的通过"virt-install"命令来安装虚拟机即是第一级，其目的是创建基础模板虚拟机；而第二级通常是创建业务用模板虚拟机，在本书中是指对象存储模板虚拟机。

这种通过分级的方式来创建和管理模板虚拟机的优点是显而易见的：层层巩固、逐步推进。一旦某一级的安装失败，则只需用上一级留存的模板重新克隆，再次安装即可。

模板虚拟机的级次需要结合具体的业务现状，并不是说级次越多就越好。但无论如何，在安装虚拟机系统之前，需要进行统筹规划。

无论是模板虚拟机还是应用虚拟机，KVM 都是通过名称对其进行管理。只是就运行状态而言，模板虚拟机通常处于停止状态，因为无须运行。

（2）准备应用虚拟机

该环节的主要任务有两个：创建应用虚拟机和个性化配置。

1）创建应用虚拟机。

图 9-4 中使用了两级模板虚拟机，直到第三级才开始创建应用虚拟机。创建应用虚拟机和创建模板虚拟机的方式存在显著差异，前者是通过克隆（模板）创建，而后者是安装创建。

代码 9-8 是克隆创建 Windows 虚拟机的脚本。

代码 9-8 克隆创建 Windows 虚拟机：/var/lib/libvirt/vm-w-clone.sh

```
1  #!/bin/bash
2
3  if [ $# -ne 1 ]; then
4      echo "Usage: vm-w-clone <vm-name>"
5  else
6      echo "Clone Windows vm template to" $1
7
8      ## Clone Windows vm w-templ to $1  ##
9      virt-clone  --connect qemu:///system \
10              --original w-templ \
11              --name $1 \
12              --file /var/lib/libvirt/images/$1.qcow2
13  fi
```

代码 9-9 则是克隆创建 Ubuntu 虚拟机的脚本。

代码 9-9 克隆创建 Ubuntu 虚拟机：/var/lib/libvirt/vm-u-clone.sh

```
1  #!/bin/bash
2
3  if [ $# -ne 1 ]; then
4      echo "Usage: vm-u-clone <vm-name>"
```

```
 5  else
 6      echo "Clone Ubuntu vm template to" $1
 7
 8      ## Clone Ubuntu vm u-templ to $1  ##
 9      virt-clone  --connect qemu:///system \
10                      --original u-templ \
11                      --name $1 \
12                      --file /var/lib/libvirt/images/$1.qcow2
13  fi
```

代码 9-9 和代码 9-8 仅仅是克隆源不同而已。

克隆虚拟机之前，需要源虚拟机处于关闭状态，否则 KVM 会报错（这也是为什么模板虚拟机总是处于关停状态的原因）。

可以通过虚拟机的关闭命令来关停模板虚拟机，用法如下：

```
virsh shutdown <目标虚拟机名>
```

执行克隆脚本后，输出内容如下所示：

```
Clone Ubuntu vm template to u-templ
WARNING  Setting the graphics device port to autoport, in order to avoid
conflicting.
Allocating 'u-templ.qcow2'                      |  20 GB  00:00:41

Clone 'u-templ' created successfully.
```

上述输出中，除了提示虚拟机克隆成功之外，还提到一个 VNC 端口的问题：为了防止端口冲突，设置端口为自动分配模式。

也就是说克隆成功后的虚拟机的 VNC 端口是自动分配的，为了使用 VNC Viewer 工具远程控制虚拟机，还需要指定应用虚拟机的 VNC 端口。

可以通过虚拟机的编辑命令来指定 VNC 端口，用法如下：

```
virsh edit <目标虚拟机名>
```

虚拟机的编辑操作默认使用 vim 工具，代码 9-10 是修改前有关 VNC 配置的内容：

代码 9-10　虚拟机配置中有关 VNC 的内容

```
1  ......
2  <graphics type='vnc' port='-1' autoport='yes' listen='0.0.0.0'>
3  <listen type='address' address='0.0.0.0'/>
4  </graphics>
5  ......
```

代码 9-11 是修改后的内容：

代码 9-11　修改后的 VNC 配置

```
1    ......
2    <graphics type='vnc' port='5909' autoport='no' listen='0.0.0.0'>
3    <listen type='address' address='0.0.0.0'/>
4    </graphics>
5    ......
```

代码 9-11 中，需要将"autoport"从"yes"修改为"no"，然后指定端口。此外，需要确认该端口未被占用（从 5901 开始）。

另外，修改配置后需要记得保存（":wq"）。保存完成，若输出以下内容：

```
Domain u-templ XML configuration edited.
```

则说明虚拟机的配置修改成功。克隆创建的虚拟机的默认状态是关停的，需要先启动，再通过 VNC 客户端工具继续配置。

可以通过虚拟机的启动命令来启动虚拟机，用法如下：

```
virsh start <目标虚拟机名>
```

将输出以下内容：

```
Domain u-templ started
```

2）虚拟机个性化配置。

确定虚拟机的 VNC 端口后，即可通过 VNC Viewer 工具远程操控虚拟机，进行个性化配置。所谓个性化配置，就是说仅针对当前虚拟机的配置，例如：修改主机名、设置固定 IP、部署特定的应用等，总而言之是该虚拟机特有的配置。

相对个性化配置而言，公共配置部分已经通过模板虚拟机克隆，无须再设置。

KVM 按照虚拟机名称（注意不是主机名）对虚拟机进行后续管理。

（3）运维管理

虚拟机的运维管理包括启动/停止、强制关闭、移除、挂起/恢复等，部分命令已经在前面的操作中用到。表 9-7 是 KVM 工具对虚拟机的常用运维命令。

表 9-7　虚拟机常用运维命令

项	命令用法
列举	virsh list [--all]
启动	virsh start <vm name>
关闭	virsh shutdown <vm name>
强制关闭	virsh destroy <vm name>
移除	virsh undefined <vm name>
设置自启动	virsh autostart <vm name>

（续）

项	命令用法
挂起	virsh suspend <vm name>
恢复	virsh resume <vm name>
查看信息	virsh dominfo <vm name>
修改	virsh edit <vm name>
进入 shell	virsh

表 9-7 中，“destroy”用于强制关闭虚拟机，不建议经常使用；而建议使用“shutdown”关闭。指定“undefine”用于取消虚拟机的定义，但不会删除虚拟机镜像文件（.qcow2），如果需要彻底清除虚拟机，则还需要删除“/var/lib/libvirt/images”中的镜像文件。

修改命令“edit”是一个相对比较“专业”的运维命令。它以 vim 工具编辑虚拟机配置文件的形式来让管理员修改虚拟机配置。如图 9-5 所示。

```
 1 <domain type='kvm'>
 2   <name>u-test</name>
 3   <uuid>cf4ed2d9-15f1-4ca1-812f-6417459d352a</uui
 4   <memory unit='KiB'>2097152</memory>
 5   <currentMemory unit='KiB'>2097152</currentMemory
 6   <vcpu placement='static'>2</vcpu>
 7   <os>
 8     <type arch='x86_64' machine='pc-i440fx-xenial
 9     <boot dev='hd'/>
10   </os>
11   <features>
12     <acpi/>
13     <apic/>
14   </features>
15   <cpu mode='custom' match='exact'>
"/tmp/virshqWNik0.xml" 97L, 3573C                4,1
```

图 9-5　编辑虚拟机配置

从图 9-5 中看到，虚拟机配置文件的内容较多（97 行），但主要修改的地方只有三项：内存大小（第 4 行和第 5 行）、vCPU 数量（第 6 行）和 VNC 端口（代码 9-11 中）。其中内存配置有两处，设置为相同即可。囿于篇幅，在此不予详解。

此外，修改虚拟机的配置需注意两点：保存对配置的修改和重启虚拟机。

表中最后一项“virsh”是虚拟机管理的 shell。输入“virsh”即进入 shell 环境，在 shell 中命令“list”的输出和在 shell 外部输入“virsh list”是相同的，如图 9-6 和图 9-7 所示。

```
root@kvm-host:~# virsh list
 Id    Name
----------------------------------
 1     os100
 2     os200
 3     os-all-in-one
 5     u-test
```

图 9-6　virsh list 命令输出

```
virsh # list
 Id    Name
----------------------------------
 1     os100
 2     os200
 3     os-all-in-one
 5     u-test
```

图 9-7　在 virt shell 中执行列举输出

9.4.4 虚拟机镜像文件相关

与虚拟机镜像文件相关的内容主要包括两个部分：快照管理和磁盘镜像工具。

（1）快照管理

快照用于留存某一时刻的虚拟机的持久状态（镜像文件），如果虚拟机在该时刻之后出现什么运行故障，则可以恢复到之前的镜像状态。一般建议在安装比较敏感的工具或新增部署之前，创建快照。表 9-8 是有关快照管理的命令。

表 9-8　虚拟机快照管理命令

项	命令用法
创建	virsh snapshot-create <vm name>
查看	virsh snapshot-list <vm name>
恢复	virsh snapshot-revert <vm name> <快照名称>
删除	virsh snapshot-delete <vm name> <快照名称>

以下是相关操作的示例。

1）创建快照。

```
root@kvm-host:~# virsh snapshot-create u-templ
Domain snapshot 1581660127 created
```

上述操作中，为虚拟机"u-templ"创建了 1 个名为"1581660127"的快照。

2）查看快照。

```
root@kvm-host:~# virsh snapshot-list u-templ
 Name                 Creation Time             State
------------------------------------------------------------
 1581660127           2020-01-14 14:02:07 +0800 running
```

3）恢复快照。

```
virsh snapshot-revert u-templ 1581660127
```

4）删除快照。

```
root@kvm-host:~# virsh snapshot-delete u-templ 1581660127
Domain snapshot 1581660127 deleted
```

（2）磁盘镜像工具

虚拟机磁盘镜像工具"qemu-img"可用来查看镜像文件信息和扩展镜像文件。

注意：磁盘镜像工具运行在宿主机上，而不是虚拟机上。

1）查看镜像文件信息。

相关命令用法：

```
qemu-img info <虚拟机镜像文件>
```

使用示例如下：

```
qemu-img info /var/lib/libvirt/images/u-templ.qcow2
```

输出信息如下：

```
image: /var/lib/libvirt/images/u-templ.qcow2
file format: qcow2
virtual size: 20G (21474836480 bytes)
disk size: 2.1G
cluster_size: 65536
Format specific information:
compat: 1.1
    lazy refcounts: true
refcount bits: 16
    corrupt: false
```

2）扩展镜像文件。

相关命令用法：

```
qemu-img resize <虚拟机镜像文件> +<SIZE>
```

需要注意的是，需要先关停目标虚拟机才能执行该操作。

使用示例如下：

```
qemu-img resize /var/lib/libvirt/images/u-templ.qcow2 +10GB
```

正常输出如下：

```
Image resized.
```

如果镜像文件存在快照，那么会输出以下错误提示：

```
qemu-img: Can't resize an image which has snapshots
qemu-img: This image does not support resize
```

输出信息中提示由于该镜像存在快照，从而不能调整大小。需要删除快照之后，再执行调整。再查看其镜像文件信息输出如下：

```
image: /var/lib/libvirt/images/u-templ.qcow2
file format: qcow2
```

```
virtual size: 30G (32212254720 bytes)
disk size: 2.1G
cluster_size: 65536
Format specific information:
compat: 1.1
    lazy refcounts: true
refcount bits: 16
    corrupt: false
```

可见其大小已经扩展了 10GB。

扩展镜像文件大小可用于虚拟机的纵向扩展，详情请参见第 10 章。

9.5 磁盘镜像工具用法详解

虚拟机磁盘镜像工具的用法如下：

```
qemu-img command [options]
```

其中定义了一套命令类型，表 9-9 中罗列了主要的命令类型及说明。

表 9-9 磁盘镜像工具命令类型及说明

命　令	说　明
check	检查磁盘镜像文件中是否存在错误 主要参数：磁盘镜像文件
create	用于创建磁盘镜像文件（默认格式为 raw） 主要参数：文件格式、文件路径、大小（后缀有 k, M, G, T 等）
info	查看磁盘镜像文件信息 主要参数：文件路径
snapshort	创建磁盘镜像文件的快照 主要参数：镜像文件路径、快照操作开关、快照名称
resize	调整磁盘镜像文件的大小（主要是增大） 主要参数：镜像文件路径、调整大小（后缀有 k, M, G, T 等）

对于完整命令，可用"qemu-img --help"命令查看。

9.5.1 创建/替换镜像文件

用法：

```
qemu-img create -f<格式> <文件路径> <文件大小>
```

使用示例如下：

```
qemu-img create -f qcow2 /var/lib/libvirt/images/test-qemu-img.qcow2 1G
```

输出如下：

```
        Formatting '/var/lib/libvirt/images/test-qemu-img.qcow2', fmt=qcow2
size=1073741824 encryption=off cluster_size=65536 lazy_refcounts=off refcount_
bits=16
```

9.5.2　查看镜像文件信息

用法：

```
qemu-img info <文件路径>
```

使用示例如下：

```
qemu-img info /var/lib/libvirt/images/test-qemu-img.qcow2
```

输出如下：

```
image: /var/lib/libvirt/images/test-qemu-img.qcow2
file format: qcow2
virtual size: 1.0G (1073741824 bytes)
disk size: 196K
cluster_size: 65536
Format specific information:
compat: 1.1
    lazy refcounts: false
refcount bits: 16
    corrupt: false
```

9.5.3　检查虚拟机镜像文件

用法：

```
qemu-img check <文件路径>
```

使用示例如下：

```
qemu-img check /var/lib/libvirt/images/test-qemu-img.qcow2
```

输出如下：

```
No errors were found on the image.
Image end offset: 262144
```

9.5.4 快照管理

表 9-10 中罗列了快照（snapshot）管理的子命令及说明。

表 9-10　磁盘镜像工具快照管理子命令及说明

子命令	说　明
-c	创建
-l	查看列表
-a	还原
-d	删除

（1）创建快照
使用示例如下：

```
qemu-img snapshot -c sst01 /var/lib/libvirt/images/test-qemu-img.qcow2
```

查看镜像文件的信息如下：

```
image: /var/lib/libvirt/images/test-qemu-img.qcow2
file format: qcow2
virtual size: 1.0G (1073741824 bytes)
disk size: 204K
cluster_size: 65536
Snapshot list:
ID        TAG              VM SIZE                DATE        VM CLOCK
1         sst01                  0 2020-02-01 12:05:41  00:00:00.000
Format specific information:
compat: 1.1
    lazy refcounts: false
refcount bits: 16
    corrupt: false
```

（2）查看快照列表
使用示例如下：

```
qemu-img snapshot -l /var/lib/libvirt/images/test-qemu-img.qcow2
```

输出如下：

```
Snapshot list:
ID        TAG              VM SIZE                DATE        VM CLOCK
```

| 1 | sst01 | | 0 2020-02-01 12:05:41 | 00:00:00.000 |
| 2 | sst02 | | 0 2020-02-01 12:07:52 | 00:00:00.000 |

（3）还原到快照

使用示例如下：

```
qemu-img snapshot -a sst02 /var/lib/libvirt/images/test-qemu-img.qcow2
```

无输出。

（4）删除快照

使用示例如下：

```
qemu-img snapshot -d sst01 /var/lib/libvirt/images/test-qemu-img.qcow2
```

查看快照列表输出：

```
Snapshot list:
ID        TAG            VM SIZE              DATE       VM CLOCK
2         sst02              0 2020-02-01 12:07:52   00:00:00.000
```

9.5.5 调整镜像文件大小

用法如下：

```
qemu-img resize <文件路径> [+ | -]<文件大小>
```

示例如下：

```
qemu-img resize /var/lib/libvirt/images/test-qemu-img.qcow2 +500G
```

（1）异常输出 1

```
qemu-img: Can't resize an image which has snapshots
qemu-img: This image does not support resize
```

输出信息提示，如果镜像存在快照则不允许调整其大小，需要先删除全部快照。

（2）异常输出 2

```
qemu-img: qcow2 doesn't support shrinking images yet
qemu-img: This image does not support resize
```

输出信息提示，不支持减小。

（3）预期输出

```
Image resized.
```

9.6 结语：利器 KVM

KVM 的小巧不禁让人联想到"身体虽然变小，但头脑依然灵活"的柯南。

小内核、开源是 KVM 给人的第一印象，就像小学生的柯南一样，相比高大的高中生、大学生们（Xen、VMware），起初总让人心存犹豫；但随着剧情的不断深入，其强大的能力逐渐让人刮目相看（KVM 支持完全虚拟化，且占用系统资源极低）。

不仅如此，KVM 对于虚拟机的管理非常完备和高效，不愧是利器。

第10章　虚拟机的扩展

虚拟机的扩展指的是虚拟机能力的扩展，主要包括：计算能力（vCPU）、内存容量和存储容量。在第9章已经介绍了通过编辑虚拟机配置文件来修改 vCPU 数量和内存容量，所以本章主要介绍如何扩展虚拟机的存储容量。

10.1　虚拟机扩展存储容量的思路

对于虚拟机扩展存储容量的主要思路，通常分为四个步骤。

1）在宿主机上扩展镜像文件（.qcow2）大小。

2）在虚拟机上将 1）中所扩展的空间进行分区，并绑定到文件系统。

3）通过 LVM 机制管理 2）所扩展的分区。

4）将存储设备挂载到 3）中的逻辑卷（LV）。

对于 3）又分为两种情况：初始化方式和扩展方式。

10.2　有容乃大的 LVM

LVM 是 Logical Volume Manager（逻辑卷管理）的简写，它是 Linux 环境下对磁盘分区进行管理的一种机制。当前的 Linux 系统支持 LVM 的第 2 版，即 LVM2。

LVM 机制用来解决存储空间动态扩展的问题，其允许物理设备（Physical Volume，PV）组合成一个卷组（Volume Group，VG），再从卷组中划分逻辑卷（Logical Volume，LV）来创建逻辑设备。这样，逻辑设备不受物理约束的限制，逻辑卷也不必是连续的空间，可以跨越许多物理卷，并且可以在任何时候任意地调整大小。相比物理磁盘来说，更易于磁盘空间的管理。

显而易见，LVM 机制非常适合虚拟机扩展存储空间的情形。

10.3　扩展虚拟机的存储容量

10.3.1　扩展虚拟机镜像

第9章已经介绍了如何扩展虚拟机的镜像文件，不再赘述。

需要提醒读者的有三点。

1）扩展虚拟机镜像文件是在宿主机上完成，而不是虚拟机。

2）扩展虚拟机文件之前需要保证虚拟机处于关停状态。

3）虚拟机镜像文件扩展之后，需要启动该虚拟机。

10.3.2 创建分区

创建分区操作在虚拟机中进行，用于对所扩展的容量进行分区。

在创建分区之前，需要查看已有分区，并记录有关信息。

（1）查看分区

使用"fdisk -l"命令可以查看当前的分区信息，输出示例如下：

```
root@u-templ:~# fdisk -l
Disk /dev/vda: 30 GiB, 32212254720 bytes, 62914560 sectors
Units: sectors of 1 * 512 = 512 bytes
Sector size (logical/physical): 512 bytes / 512 bytes
I/O size (minimum/optimal): 512 bytes / 512 bytes
Disklabel type: dos
Disk identifier: 0xeba59c0f


Device     Boot    Start      End     Sectors   Size  Id Type
/dev/vda1  *        2048    585727    583680    285M  83 Linux
/dev/vda2          587774  41940991 41353218  19.7G   5 Extended
/dev/vda5          587776   8398847  7811072   3.7G  82 Linux swap/Solaris
/dev/vda6         8400896  41940991 33540096    16G  83 Linux
```

通过输出可知，除了虚拟机创建时指定的 20GB 的存储空间，所扩展的 10GB 空间已经能够被识别，只是没有分配到指定的分区，接下来就要将这块空闲空间进行分区。

另外，还需要记录当前全部分区的末尾扇区位置（标粗内容），因为新增分区的开始位置将接着当前的分区末尾。

（2）创建分区

使用"fdisk <disk>"命令可对目标磁盘进行分区，输出/输入示例如下：

```
root@u-templ:~# fdisk /dev/vda
Welcome to fdisk (util-linux 2.27.1).
Changes will remain in memory only, until you decide to write them.
Be careful before using the write command.


Command (m for help): n
Partition type
   p   primary (1 primary, 1 extended, 2 free)
```

```
    l   logical (numbered from 5)
Select (default p):

Using default response p.
Partition number (3,4, default 3):
First sector (585728-62914559, default 585728): 41940992
Last sector, +sectors or +size{K,M,G,T,P} (41940992-62914559, default
62914559):

Created a new partition 3 of type 'Linux' and of size 10 GiB.

Command (m for help): t
Partition number (1-3,5,6, default 6): 3
Partition type (type L to list all types): 8e

Changed type of partition 'Linux' to 'Linux LVM'.

Command (m for help): w
The partition table has been altered.
Calling ioctl() to re-read partition table.
Re-reading the partition table failed.: Device or resource busy

The kernel still uses the old table. The new table will be used at the
next reboot or after you run partprobe(8) or kpartx(8).
```

上述输出中，标粗部分是键盘输入内容。其中的命令 "n" 表示创建新的分区，新的分区的开始扇区数即为之前记录的末尾扇区数加 1，这样可以保证分区的连续性。

命令 "t" 用于指定新分区的类型，"8e" 表示的是类型 "Linux LVM"。

最后的命令 "w" 表示保存分区结果。分区完成，重启虚拟机。

（3）确认分区效果

虚拟机重启完毕，使用 "fdisk -l" 命令可以查看新增分区的信息，输出示例如下：

```
root@u-templ:~# fdisk -l
Disk /dev/vda: 30 GiB, 32212254720 bytes, 62914560 sectors
Units: sectors of 1 * 512 = 512 bytes
Sector size (logical/physical): 512 bytes / 512 bytes
I/O size (minimum/optimal): 512 bytes / 512 bytes
Disklabel type: dos
Disk identifier: 0xeba59c0f


Device     Boot    Start      End  Sectors  Size Id Type
/dev/vda1  *        2048   585727   583680  285M 83 Linux
```

```
/dev/vda2        587774 41940991 41353218 19.7G    5   Extended
/dev/vda3     41940992 62914559 20973568   10G    8e   Linux LVM
/dev/vda5        587776  8398847  7811072  3.7G   82   Linux swap / Solaris
/dev/vda6       8400896 41940991 33540096   16G   83   Linux

Partition table entries are not in disk order.
```

从输出内容可看出，新分区创建成功（标粗内容），且大小正是所扩展容量。

10.3.3　使用 LVM 管理新增分区

使用 LVM 机制管理新增分区存在两种方式：初始化方式和扩展方式。

所谓初始化就是指之前没有使用 LVM 机制，卷组为空，需要创建卷组，并将新增的分区加入到卷组中；而扩展逻辑卷指的是卷组已经存在，无须再创建卷组，新增的物理分区将以扩展的方式加入到卷组中。

无论是哪种方式，最终的逻辑卷（LV）都将从卷组中分配。

（1）初始化方式

1）创建物理卷（PV）。

相关命令用法：

```
pvcreate <物理卷> [物理卷...]
```

使用示例如下：

```
root@u-templ:~# pvcreate /dev/vda3
  Physical volume "/dev/vda3" successfully created
```

使用命令"pvs"或"pvdisplay"可以查看当前的物理卷信息，示例如下：

```
root@u-templ:~# pvs
  PV         VG   Fmt  Attr PSize   PFree
  /dev/vda3  lvm2 ---  10.00g  10.00g
```

2）创建卷组（VG）。

相关命令用法：

```
vgcreate <卷组名> [物理卷...]
```

使用示例如下：

```
root@u-templ:~# vgcreate foovg /dev/vda3
  Volume group "foovg" successfully created
```

使用命令"vgs"或"vgdisplay"可以查看当前的卷组信息，示例如下：

```
root@u-templ:~# vgs
  VG    #PV #LV #SN Attr   VSize  VFree
  foovg   1   0   0 wz--n- 10.00g 10.00g
```

3）创建逻辑卷（LV）。

相关命令用法：

```
lvcreate -l 100%FREE -n <逻辑卷名> <卷组名>
```

使用示例如下：

```
root@u-templ:~# lvcreate -l 100%FREE -n foolv foovg
  Logical volume "foolv" created.
```

该示例中，使用卷组中全部的空间用来创建逻辑卷。

使用命令"lvs"或"lvdisplay"可以查看当前的逻辑卷信息，示例如下：

```
root@u-templ:~# lvs
  LV    VG    Attr       LSize
  foolv foovg -wi-a----- 10.00g
```

即便逻辑卷创建完成，也还得不到文件系统的"承认"，最终逻辑卷还需要挂载到文件系统中去。

以下是通过命令"df"查看文件系统信息的示例输出：

```
root@u-templ:~# df -h
Filesystem      Size  Used Avail Use% Mounted on
......
/dev/vda6       16G   1.5G  14G   11%  /
......
/dev/vda1       268M  59M   192M  24%  /boot
......
```

以上输出中，看不到新增分区或逻辑卷的任何信息。

4）格式化逻辑卷。

挂载逻辑卷到文件系统之前，需要对逻辑卷进行格式化，以约定其文件格式。

需要注意，不同的应用系统对文件格式的要求有所差异。例如：Swift 存储系统对文件系统格式是 xfs，而普通应用一般是 ext4。

格式化 xfs 文件系统的工具是"mkfs.xfs"，使用示例如下：

```
root@u-templ:~# mkfs.xfs /dev/foovg/foolv
meta-data=/dev/foovg/foolvisize=512    agcount=4, agsize=655360 blks
        =                    sectsz=512  attr=2, projid32bit=1
        =                    crc=1       finobt=1, sparse=0
```

```
data      =                      bsize=4096   blocks=2621440, imaxpct=25
          =                      sunit=0      swidth=0 blks
naming    =version 2            bsize=4096    ascii-ci=0 ftype=1
log       =internal log         bsize=4096    blocks=2560, version=2
          =                      sectsz=512   sunit=0 blks, lazy-count=1
realtime =none                  extsz=4096    blocks=0, rtextents=0
```

5）挂载到文件系统。

设备初始化完毕，使用"mount"命令将设备挂载到文件系统。在此之前还需要创建挂载点（mountpoint），即在"/mnt"目录初始化作为挂载点的目录。命令行示例如下：

```
root@u-templ:~# mkdir /mnt/lvm
root@u-templ:~# mount /dev/foovg/foolv /mnt/lvm
```

6）验证效果。

对于挂载后的效果，使用"df"命令来查看。输出示例如下：

```
root@u-templ:~# df -h
Filesystem              Size  Used Avail Use% Mounted on
......
/dev/mapper/foovg-foolv  10G   33M   10G   1% /mnt/lvm
```

从输出内容中可知，所挂载的条目已经出现在文件系统中（标粗部分）。

也就是说，扩展出来的空间已经得到了文件系统的"承认"。

（2）扩展方式

扩展方式的前提是经历过初始化方式，卷组（VG）已经创建，卷组中已经存在物理卷组（PV）。

当前又为虚拟机扩展了10GB的空间，且已分区。

1）创建物理卷（PV）。

命令行示例如下：

```
root@u-templ:~# pvcreate /dev/vda4
  Physical volume "/dev/vda4" successfully created
```

使用命令"pvs"或"pvdisplay"查看当前的物理卷信息。操作示例如下：

```
root@u-templ:~# pvs
  PV          VG      Fmt Attr PSize PFree
  /dev/vda3 foovg lvm2 a-- 10.00g    0
  /dev/vda4       lvm2 --- 10.00g10.00g
```

2）扩展卷组（VG）。

相关命令用法：

```
vgextend <已有卷组名> [新加物理卷...]
```

使用示例如下：

```
root@u-templ:~# vgextendfoovg /dev/vda4
  Volume group "foovg" successfully extended
```

使用命令 "vgs" 或 "vgdisplay" 查看当前的卷组信息，输出示例如下：

```
root@u-templ:~# vgs
  VG    #PV #LV #SN Attr   VSize  VFree
  foovg  2   1   0  wz--n- 20.00g 10.00g
```

上述输出内容中，可见物理卷组（PV）数量为 2，说明已经得到扩展。
3）扩展逻辑卷（LV）。
相关命令用法：

```
lvextend -l +100%FREE <已存在逻辑卷名>
```

使用示例如下：

```
root@u-templ:~# lvextend -l +100%FREE /dev/foovg/foolv
    Size of logical volume foovg/foolv changed from 10.00 GiB (2560 extents)
to 20.00 GiB (5119 extents).
    Logical volume foolv successfully resized.
```

该示例中，使用卷组中全部的空间扩展逻辑卷。
注意，命令中的加号（"+"）不能缺少，否则会出错，示例如下：

```
root@u-templ:~# lvextend -l 100%FREE /dev/foovg/foolv
  New size given (2559 extents) not larger than existing size (2560 extents)
  Run `lvextend --help' for more information.
```

操作成功，使用命令 "lvs" 或 "lvdisplay" 查看当前的逻辑卷信息。示例如下：

```
root@u-templ:~# lvs
  LV     VG    Attr      LSize
  foolv  foovg -wi-a----- 20.00g
```

同初始化方式一样，虽然逻辑卷扩展完成，但还得不到文件系统的 "承认"。
以下是命令 "df" 查看文件系统信息的示例输出：

```
root@u-templ:~# df -h
Filesystem               Size  Used   Avail  Use%  Mounted on
......
/dev/mapper/foovg-foolv  10G   33M    10G    1%    /mnt/lvm
```

以上输出中，目标设备（标粗部分）的大小没有变化，没有实现扩展。

4）扩展文件系统。

还需使用"xfs_growfs"命令实现文件系统的扩展，相关命令用法：

```
xfs_growfs [options] mountpoint
```

使用示例如下：

```
root@u-templ:~# xfs_growfs /mnt/lvm
meta-data=/dev/mapper/foovg-foolvisize=512  agcount=4,agsize=655360 blks
         =                      sectsz=512   attr=2, projid32bit=1
         =                      crc=1        finobt=1 spinodes=0
data     =                      bsize=4096   blocks=2621440, imaxpct=25
         =                      sunit=0      swidth=0 blks
naming   =version 2             bsize=4096   ascii-ci=0 ftype=1
log      =internal              bsize=4096   blocks=2560, version=2
         =                      sectsz=512   sunit=0 blks, lazy-count=1
realtime =none                  extsz=4096   blocks=0, rtextents=0
data blocks changed from 2621440 to 5241856
```

5）验证效果。

对于扩展后的效果，可使用"df"命令来查看文件系统信息。输出如下：

```
root@u-templ:~# df -h
Filesystem              Size  Used  Avail  Use%  Mounted on
......
/dev/mapper/foovg-foolv 20G   33M   20G    1%    /mnt/lvm
```

从上面的输出内容中可知，存储设备的容量增加了（标粗部分）。也就是说，扩展出来的空间已经得到了系统的"承认"。

第11章 Swift 相关工具

本章涉及的 Swift 相关工具包括两个：Swift 建环工具和 Swift 客户端工具。

11.1 Swift 建环工具

11.1.1 建环工具简介

环是 Swift 存储系统中最为核心的数据结构，而环又是由所谓的建环工具来创建和维护的。建环工具"swift-ring-builder"负责创建分区（不是磁盘分区，而是 Swift 体系所定义的逻辑存储单元），并分配给存储设备，还将经过优化的结构（分区与存储设备的映射关系）输出到序列化文件（.ring.gz）中，便于分发到各个集群节点。

建环工具还保留了一个单独的构造文件（.builder），其中包含环信息以及构建将来的环所需的其他数据。保留这些构建器文件的多个备份副本非常重要。

11.1.2 建环工具的使用场景

建环工具的使用场景有四种。

1）初始化创建环，指从无到有创建环、添加设备。

2）添加设备到已有的环，指在环结构已经存在的条件下，添加新的设备到环中。

3）从环中移除设备，指从环中淘汰老旧设备。

4）环结构调整，指的是不涉及设备数量的参数调整。

（1）初始化创建环

代码 11-1 是初始化建环脚本的示例。

代码 11-1 初始化建环脚本示例

```
1  #!/bin/bash
2
3  set -e
4
5  cd /etc/swift
```

```
 6
 7   rm -f *.builder *.ring.gz backups/*.builder backups/*.ring.gz
 8
 9   swift-ring-builder object.builder create 18 3 24
10   swift-ring-builder object.builder add r1z1-172.16.10.10:6010/sdb1 100
11   swift-ring-builder object.builder add r1z1-172.16.10.10:6020/sdb2 100
12   swift-ring-builder object.builder add r1z2-172.16.10.20:6010/sdb1 100
13   swift-ring-builder object.builder add r1z2-172.16.10.20:6020/sdb2 100
14   swift-ring-builder object.builder rebalance
15
16   swift-ring-builder container.builder create 18 3 24
17   swift-ring-builder container.builder add r1z1-172.16.10.10:6011/sdb1 100
18   swift-ring-builder container.builder add r1z1-172.16.10.10:6021/sdb2 100
19   swift-ring-builder container.builder add r1z2-172.16.10.20:6011/sdb1 100
20   swift-ring-builder container.builder add r1z2-172.16.10.20:6021/sdb2 100
21   swift-ring-builder container.builder rebalance
22
23   swift-ring-builder account.builder create 18 3 24
24   swift-ring-builder account.builder add r1z1-172.16.10.10:6012/sdb1 100
25   swift-ring-builder account.builder add r1z1-172.16.10.10:6022/sdb2 100
26   swift-ring-builder account.builder add r1z2-172.16.10.20:6012/sdb1 100
27   swift-ring-builder account.builder add r1z2-172.16.10.20:6022/sdb2 100
28   swift-ring-builder account.builder rebalance
```

代码 11-1 中，首先清除已有的构造文件（.builder）和环结构文件（.ring.gz）（第 7 行），然后依次创建对象、容器和账户这三级的环（输出各级的构造文件和环结构文件）。

环的初始化创建包括三个步骤：创建环构造文件、添加设备到环和重平衡环。

1）创建环构造文件（.builder）。

第 9 行、第 16 行和第 23 行的 "create" 子命令用于启动建环过程。

该命令执行后，将在 "/etc/swift" 目录中分别创建 3 个具有 2^{18} 个分区、副本数为 3、分区调整的最小间隔时间为 24（小时）的构造文件（.builder）。

2）添加设备到环。

第 10 行、第 17 行和第 24 行的 "add" 子命令用于添加设备到环中。

其中，每个环都添加了 4 个设备，且存储权重都是 100.0。

该命令执行后，将会更新构造文件。

3）重平衡环。

第 14 行、第 21 行和第 28 行的 "rebalance" 子命令用于创建分区并分配给环中的设备。

该命令执行后，不仅会更新构造文件，还会输出环结构文件（.ring.gz）。

至此，环才算真正创建完成。

为了保证集群中的其他服务器能够同步环结构，还需要将环结构文件分发到各个服务器。

（2）添加设备到已有环

代码 11-2 是添加设备到已有环的示例脚本：

代码 11-2　添加设备到已有环

```
 1   swift-ring-builder object.builder add r1z1-172.16.10.30:6010/sdb1 100
 2   swift-ring-builder object.builder add r1z1-172.16.10.30:6020/sdb2 100
 3   swift-ring-builder object.builder rebalance
 4
 5   swift-ring-builder container.builder add r1z1-172.16.10.30:6011/sdb1 100
 6   swift-ring-builder container.builder add r1z1-172.16.10.30:6021/sdb2 100
 7   swift-ring-builder container.builder rebalance
 8
 9   swift-ring-builder account.builder add r1z1-172.16.10.30:6012/sdb1 100
10   swift-ring-builder account.builder add r1z1-172.16.10.30:6022/sdb2 100
11   swift-ring-builder account.builder rebalance
```

代码 11-2 中，也是涉及对象、容器和账户这三级的环操作。

其中主要包括两个步骤：添加设备到环和重平衡环。

1）添加设备到环。

第 1 行、第 5 行和第 9 行的"add"子命令用于添加设备到环中。由于构造文件（.builder）已存在，所以是将新的设备添加到原有的结构中去。

其中，每个环都添加了两个设备，且存储权重都是 100.0。

该命令执行后，将会更新构造文件。

2）重平衡环。

第 3 行、第 7 行和第 11 行的"rebalance"子命令用于将已有分区分配给环中的设备。

该命令执行后，不仅会更新构造文件，还会更新环结构文件（.ring.gz）。

至此，环才算真正更新完成。

环结构一旦改变，就需要分发到其他服务器中。

此外，如果本次重平衡与上次的时间间隔小于"分区调整的最小间隔时间"，则会抛出以下错误提示：

```
        No partitions could be reassigned.
        The time between rebalances must be at least min_part_hours: 24 hours
(01:05:33 remaining)
```

（3）从环中移除设备

从环中移除设备，通常会有两种情形。

1）被动移除：即设备发生故障，无法正常运行。

2）主动移除：设备还可以运转，但按计划需要淘汰。

第 1）种情形，通过命令"remove"从环中直接移除发生故障的设备或主机。

第 2）种情形，建议通过命令"set_weight"逐渐调减目标设备或主机的存储权重，直至为 0。最后再执行移除命令。

注意：以上两种情形中，最后都需执行重平衡环来提交修改。

相关操作可参见"建环工具使用详解"章节。

（4）环结构调整

环结构的调整虽然不涉及设备的新增或移除，但毕竟会改变环的结构，需要慎重操作。对环结构的调整主要包括存储权重和副本数。

1）调整存储权重。

存储权重的调整原则是调减不调增。适用场景：有计划地淘汰老旧设备、移除故障设备、（新设备加入后）降低老设备存储权重等。

2）调整副本数。

副本数的调整一般伴随着设备数量的调整，原则上不能低于 3。适用场景：集群中添加了设备，将副本数从原来的 2 调整到 3。

11.1.3 建环工具使用详解

建环工具拥有非常多的参数，其命令的大致结构为：

```
swift-ring-builder <构造文件> <子命令> <参数列表>
```

表 11-1 是其中的子命令及说明。

表 11-1　建环工具子命令及说明

子命令	说　明
create	创建包含分区和副本数的构造文件（.builder）
add	添加设备到环中
rebalance	尝试通过重新分配最近未重新分配的分区来重新平衡环
set_weight	重置设备的权重
remove	从环中移除设备
set_overload	更改过载系数
set_replicas	更改副本数
（空）	查看构造文件中的环和设备信息

（1）创建构造文件

子命令"create"的用法如下：

```
swift-ring-builder <builder_file> create <part_power><replicas>
                                         <min_part_hours>
```

该命令将启动建环过程，创建具有 2^{part_power} 个分区的构造文件<builder_file>。

其中参数的说明见表 11-2。

表 11-2　create 子命令参数说明

参　数	说　明
builder_file	必填，所要创建的构造文件（.builder），默认位置为/etc/swift 三层结构（账户/容器/对象）都有各自的构造文件
part_power	必填，分区数的幂运算中的指数，底数为 2，即分区数为 2^{part_power}
replicas	必填，副本数，用于指示为每个分区要分配多少设备 副本数一般为整数，特殊情况下也可以是小数
min_part_hours	必填，分区调整的最小时间间隔（单位为小时），推荐值为 24

注意：该命令仅创建了构造文件，并没有执行实质性动作。

"create"子命令的后续操作通常是添加设备到环（"add"子命令）。

（2）添加设备到环

子命令"add"的用法如下：

```
swift-ring-builder <builder_file> add
[r<region>]z<zone>-<ip>:<port>/<device_name>_<meta><weight>
[[r<region>]z<zone>-<ip>:<port>/<device_name>_<meta><weight>]
    ...
```

该命令将指定的设备（对象存储设备，OSD）添加到环中。

该命令可以一次添加多个设备，也可以只添加单个。

其中参数的说明见表 11-3。

表 11-3　add 子命令参数说明

参　数	说　明
builder_file	必填，由创建子命令所创建的构造文件
region	必填，地域编号
zone	必填，区域编号（中型规模中，1 台主机对应 1 个区域）
ip	必填，主机 IP，在节点的服务配置文件（{1..x}.conf）中设置
port	必填，服务端口，在节点的服务配置文件（{1..x}.conf）中设置
device_name	必填，对象存储设备（OSD）名，在初始化节点的存储结构时创建
weight	浮点值，必填，设备存储权重，推荐值为 $100.0 \times TB$
meta	设备的元数据字符串（可选）

注意：该命令也只更新构造文件，不会执行实质性动作，直到执行重平衡环。

（3）重平衡环

子命令"rebalance"的用法如下：

```
swift-ring-builder <builder_file> rebalance
```

该命令将创建分区并分配给环中的设备。

所谓平衡的意思是尽可能少地移动分区，保证整个环结构的稳定。

重平衡命令会执行之前所有需要对环的改动，包括创建分区、移动分区、分配分区到设备以及环结构的调整等。

对于这些操作的参数以及结果（环的结构），会分别输出到构造文件和环结构文件中。最后，环结构文件将被推送到集群中的其他服务器中，以实现环结构的同步。

注意：只要修改环结构，就需要通过重平衡命令来提交修改，否则修改不会生效。

只要环结构发生改变，就需要重新分发环结构文件到集群中的所有服务器。

（4）设置设备的权重

子命令"set_weight"的用法如下：

```
swift-ring-builder <builder_file> set_weight
    [r<region>]z<zone>-<ip>:<port>/<device_name>_<meta> <new_weight>
    [[r<region>]z<zone>-<ip>:<port>/<device_name>_<meta>
<new_weight>] ...
```

该命令将重新设置设备的存储权重。

所谓存储权重指的是设备相对于其他设备的存储贡献。通常与设备的磁盘空间大小直接对应，例如：一个具有 1TB 的设备的权重为 100.0，则另外一个 2TB 的设备的权重为 200.0。

官方推荐的平均权重为 100.0，这样可以保证在必要时灵活调低。

权重调整的粒度不仅可以是设备，还可以是主机。用法如下：

```
swift-ring-builder <builder_file> set_weight
    [r<region>]z<zone>-<ip> <new_weight>
    [[r<region>]z<zone>-<ip> <new_weight>] ...
```

这样可以批量设置目标主机中的存储设备的权重。

（5）从环中移除设备

子命令"remove"的用法如下：

```
swift-ring-builder <builder_file> remove
    [r<region>]z<zone>-<ip>:<port>/<device_name>_<meta>
    [[r<region>]z<zone>-<ip>:<port>/<device_name>_<meta> ...]
```

该命令用于从环中移除设备。这通常应该只用于发生故障的设备。

对于需要淘汰的设备，官方建议是逐渐调低其存储权重，直至为 0。最后再使用此命令进行彻底移除。

移除设备的粒度也可以是主机。用法如下：

```
swift-ring-builder <builder_file> remove
```

```
[r<region>]z<zone>-<ip>
[[r<region>]z<zone>-<ip> ...]
```

这样可以批量移除目标主机中的存储设备。

（6）更改过载系数

子命令"set_overload"的用法如下：

```
swift-ring-builder <builder_file> set_overload <overload>[%]
```

这样可以更改过载系统为指定的值。

有关过载系统的说明，请参考官方文档。网址是https://docs.openstack.org/swift/latest/overview_ring.html。

（7）更改副本数量

子命令"set_replicas"的用法如下：

```
swift-ring-builder <builder_file> set_replicas <replicas>
```

副本数量用于指示要为环中的每个分区分配多少设备。通过让多个设备负责每个分区，集群可以从驱动器或网络故障中恢复。

副本数越多，数据的冗余度越高，但对磁盘空间的消耗也越大。例如：存储 1GB 的内容，2 副本条件下需要 2GB 的存储空间，4 副本则需要 4GB 的空间。

副本数越少，对磁盘空间的消耗越少，但数据的冗余度降低，数据存在安全风险。

从设备层面，为了保证每个副本存储在不同的设备上，必须保证至少拥有与副本数一样多的设备。

官方建议副本数为 3（gold）。

（8）查看构造文件信息

子命令为空时，将显示构造文件信息。用法如下：

```
swift-ring-builder <builder_file>
```

该命令用于显示构造文件中的环和设备的信息。内容示例如下：

```
root@os100:/etc/swift# swift-ring-builder object.builder
object.builder, build version 6, id 5ab8726ff68d44a883ddda5d160ac471
1024 partitions, 2.000000 replicas, 1 regions, 2 zones, 4 devices, 0.00
balance, 0.00 dispersion
The minimum number of hours before a partition can be reassigned is 1
(0:00:00 remaining)
The overload factor is 0.00% (0.000000)
Ring file object.ring.gz is up-to-date
Devices:    id region zone      ip address:port replication ip:port   name
weight partitions balance flags meta
            0      1    1 172.16.10.10:6010 172.16.10.10:6010    sdb1
```

100.00	512	0.00						
			1	1	1	172.16.10.10:6020	172.16.10.10:6020	sdb2
100.00	512	0.00						
			2	1	2	172.16.10.20:6010	172.16.10.20:6010	sdb1
100.00	512	0.00						
			3	1	2	172.16.10.20:6020	172.16.10.20:6020	sdb2
100.00	512	0.00						

11.2 Swift 客户端工具简介

Swift 客户端工具用于与 Swift 存储系统进行交互,实现管理功能。

11.2.1 Swift 客户端工具的安装

安装过程包括三个步骤:安装依赖库、下载代码并构建和验证。

(1)安装依赖库

按照官方的相关文档,需要先安装依赖:

```
apt-get update
apt-get install python-dev python-setuptools
```

(2)下载代码并构建

首先是检出 Swift 客户端工具代码,命令行如下:

```
cd $HOME; git clone https://github.com/openstack/python-swiftclient.git
```

然后构建 Swift 客户端工具的开发安装环境,命令行如下:

```
cd $HOME/python-swiftclient; sudo python setup.py develop; cd -
```

(3)验证

命令行如下:

```
swift
```

如果不输出错误信息,说明安装成功。

11.2.2 Swift 客户端工具的使用

Swift 客户端工具的参数极多,以下是本书推荐的常用用法。

```
swift -A <验证地址> -U <账户名> -K <密码> <子命令> <目标>
```

其中各参数的说明如下。

1）验证地址：格式 "http://<代理服务器 ip>:<port>/auth/v1.0"。

2）账户名和密码：在代理服务器配置文件（"proxy-server.conf"）中设置。

3）表 11-4 是常用子命令列表。

表 11-4 Swift 客户端工具子命令列表

子命令	说　明
delete	删除容器或删除容器中的对象
download	从容器中下载对象
list	列举账户下的容器列表或容器中的对象列表
post	更新账户、容器和对象的元信息；创建容器
stat	查看账户、容器和对象的信息
upload	更新文件或目录到指定的容器
capabilities	列出集群的性能参数
tempurl	创建临时 URL
auth	显示授权相关的环境变量

4）目标：主要是容器和对象；路径中层次之间使用空格分隔，而不是 "/"。

（1）账户管理

账户管理主要包括查看账户信息和列举账户下的容器。

1）查看账户信息。

查看账户信息，使用子命令 "stat"，目标为空（因为是账户本身）。命令行如下：

```
swift -A http://172.16.10.10:9999/auth/v1.0 -U foo:wys -K 123456 stat
```

输出内容如下：

```
                Account: FOO_AUTH_foo
             Containers: 11
                Objects: 225
                  Bytes: 1822647188
Containers in policy "silver": 11
   Objects in policy "silver": 225
     Bytes in policy "silver": 1822647188
       X-Openstack-Request-Id: txc75ef1b5877649c58d1ad-005e47e79f
           Accept-Ranges: bytes
             X-Timestamp: 1567566569.53243
              X-Trans-Id: txc75ef1b5877649c58d1ad-005e47e79f
            Content-Type: application/json; charset=utf-8
```

2）列举账户下的容器。

列举账户下的容器，使用子命令"list"，目标也为空。命令行如下：

```
swift -A http://172.16.10.10:9999/auth/v1.0 -U foo:wys -K 123456 list
```

输出内容示例：

```
album-segments-test
album-test
……
```

上面输出内容即为容器名列表。

3）自定义账户的属性。

设置账户的属性，使用子命令"post"，目标为空。命令行如下：

```
swift -A http://172.16.10.10:9999/auth/v1.0 -U foo:wys -K 123456
    post -m 'Owner:wys'
```

以上命令中，"-m"开关即用于指示元数据（Metadata）。通过查看容器的信息（"stat"子命令）可以显示所设置的属性，输出内容如下：

```
                 Account: FOO_AUTH_foo
              Containers: 10
                 Objects: 225
                   Bytes: 1816154888
Containers in policy "silver": 10
   Objects in policy "silver": 225
     Bytes in policy "silver": 1816154888
              Meta Owner: wys
            Accept-Ranges: bytes
                X-Trans-Id: tx2aea29ceaecf423cabe43-005e4e09bc
   X-Openstack-Request-Id: tx2aea29ceaecf423cabe43-005e4e09bc
              X-Timestamp: 1567566569.52982
             Content-Type: application/json; charset=utf-8
```

设置账户的属性，还可以使用以下命令行：

```
swift -A http://172.16.10.10:9999/auth/v1.0 -U foo:wys -K 123456
    post  -H 'X-Account-Meta-Owner:wys'
```

其中开关"-H"用于设置头部（Header）属性，头部属性需要遵守的格式为 X-Account-Meta-xxx，其中"xxx"是账户的属性名，用来创建或更新自定义元数据。

4）删除自定义属性。

只需把对应的属性项的值设置为空即可。命令行如下：

```
swift -A http://172.16.10.10:9999/auth/v1.0 -U foo:wys -K 123456
    post -m 'Owner:'
```

或

```
swift -A http://172.16.10.10:9999/auth/v1.0 -U foo:wys -K 123456
    post -H 'X-Account-Meta-Owner:'
```

（2）容器管理

容器管理主要包括创建容器、查看容器信息、删除容器、列举容器中的对象，此外还有增加/删除自定义属性。

1）创建容器。

创建容器，使用子命令"post"，目标是容器。命令行如下：

```
swift -A http://172.16.10.10:9999/auth/v1.0 -U foo:wys -K 123456
    post con1
```

其中"con1"即是目标容器名。该命令无输出内容。

2）查看容器信息。

查看容器信息，使用子命令"stat"，目标为容器。命令行如下：

```
swift -A http://172.16.10.10:9999/auth/v1.0 -U foo:wys -K 123456
    stat con1
```

输出内容示例：

```
          Account: FOO_AUTH_foo
        Container: con1
          Objects: 0
            Bytes: 0
         Read ACL:
        Write ACL:
          Sync To:
         Sync Key:
    Accept-Ranges: bytes
  X-Storage-Policy: silver
    Last-Modified: Sun, 16 Feb 2020 07:09:21 GMT
      X-Timestamp: 1581836960.38552
       X-Trans-Id: tx1cd158711ba94e20abd56-005e48eb4c
     Content-Type: application/json; charset=utf-8
X-Openstack-Request-Id: tx1cd158711ba94e20abd56-005e48eb4c
```

在容器的属性中，存储策略是一个比较特殊的属性（标粗部分）。

3）删除容器。

删除容器，使用子命令"delete"，目标为容器。命令行如下：

```
swift -A http://172.16.10.10:9999/auth/v1.0 -U foo:wys -K 123456
    delete con1
```

该命令的输出内容为所删除的容器名。

4）列举容器中对象。

列举容器中对象，使用子命令"list"，目标是容器。命令行如下：

```
swift -A http://172.16.10.10:9999/auth/v1.0 -U foo:wys -K 123456
    list album-test
```

输出内容示例：

```
bundle.data
fruit/番茄.jpeg
fruit/杨桃.jpeg
……
```

5）自定义容器的属性。

设置容器的属性，使用子命令"post"，目标是容器。命令行如下：

```
swift -A http://172.16.10.10:9999/auth/v1.0 -U foo:wys -K 123456
    post album-test -m 'Title:album'
```

以上命令中，"-m"开关即用于指示元数据（Metadata）。

通过查看容器的信息（"stat"子命令）可以显示所设置的属性，内容如下：

```
        Account: FOO_AUTH_foo
      Container: album-test
        Objects: 33
          Bytes: 3347522
       Read ACL: .r:*
      Write ACL:
        Sync To:
       Sync Key:
     Meta Title: album
   Accept-Ranges: bytes
      X-Trans-Id: txa78fd39b0f4249ddadf36-005e48f6d9
  X-Storage-Policy: silver
   Last-Modified: Sun, 16 Feb 2020 08:00:42 GMT
     X-Timestamp: 1581342852.23381
    Content-Type: application/json; charset=utf-8
```

```
X-Openstack-Request-Id: txa78fd39b0f4249ddadf36-005e48f6d9
```

设置容器的属性，还可以使用以下命令行：

```
swift -A http://172.16.10.10:9999/auth/v1.0 -U foo:wys -K 123456
     post album-test -H 'X-Container-Meta-Title:album'
```

其中开关 "-H" 用于设置头部（Header）属性，头部属性需要遵守的格式为 X-Object-Meta-xxx，其中 "xxx" 是容器的属性名，用来创建或更新自定义元数据。

6）删除自定义属性。

删除容器自定义属性的方式和账户相同：将对应的属性项的值设置为空即可。

（3）对象管理

对象管理主要包括（上传）创建对象、查看对象信息、下载对象（内容）、删除对象，此外还有增加/删除自定义属性。

1）创建对象。

创建对象，使用子命令 "upload"，目标为容器+本地文件。命令行如下：

```
swift -A http://172.16.10.10:9999/auth/v1.0 -U foo:wys -K 123456
     upload foo test.txt
```

创建成功，对象键值即为文件名。

2）查看对象信息。

查看对象信息，使用子命令 "stat"，目标为容器+对象。命令行如下：

```
swift -A http://172.16.10.10:9999/auth/v1.0 -U foo:wys -K 123456
     stat foo test.txt
```

输出内容示例：

```
          Account: FOO_AUTH_foo
        Container: foo
           Object: test.txt
     Content Type: text/plain
   Content Length: 13
    Last Modified: Sun, 16 Feb 2020 11:11:55 GMT
             ETag: 3b59af1fb198c1c2c68dbfba633daaa5
       Meta Mtime: 1581850717.794724
    Accept-Ranges: bytes
      X-Timestamp: 1581851514.54269
       X-Trans-Id: tx9690ee072a644a7794027-005e492382
X-Openstack-Request-Id: tx9690ee072a644a7794027-005e492382
```

在对象的属性中，标记是一个比较特殊的属性（标粗部分）。

3）下载对象。

下载对象，使用子命令"download"，目标为容器+对象。命令行如下：

```
swift -A http://172.16.10.10:9999/auth/v1.0 -U foo:wys -K 123456
    download foo test.txt test1.txt test2.txt
```

输出内容示例：

```
test.txt [auth 0.009s, headers 0.132s, total 0.132s, 0.000 MB/s]
test2.txt [auth 0.009s, headers 0.116s, total 0.116s, 0.000 MB/s]
test1.txt [auth 0.013s, headers 0.143s, total 0.144s, 0.000 MB/s]
```

4）删除对象。

删除对象，使用子命令"delete"，目标为容器+对象串。命令行如下：

```
swift -A http://172.16.10.10:9999/auth/v1.0 -U foo:wys -K 123456
    delete foo test1.txt test2.txt
```

该命令的输出内容为所删除的对象名。

5）自定义对象的属性。

设置对象的属性，使用子命令"post"，目标是容器+对象。命令行如下：

```
swift -A http://172.16.10.10:9999/auth/v1.0 -U foo:wys -K 123456
    post foo test.txt -m "key:test,text"
```

以上命令中，"-m"开关即用于指示元数据（Metadata）。通过查看对象的信息（"stat"子命令）可以显示所设置的属性，输出内容如下：

```
            Account: FOO_AUTH_foo
          Container: foo
             Object: test.txt
       Content Type: text/plain
     Content Length: 13
      Last Modified: Sun, 16 Feb 2020 12:40:21 GMT
               ETag: 3b59af1fb198c1c2c68dbfba633daaa5
           Meta Key: test,text
      Accept-Ranges: bytes
        X-Timestamp: 1581856820.72497
         X-Trans-Id: txc73e9f1422d64fb3af44e-005e493836
X-Openstack-Request-Id: txc73e9f1422d64fb3af44e-005e493836
```

设置对象的属性，还可以使用以下命令行：

```
swift -A http://172.16.10.10:9999/auth/v1.0 -U foo:wys -K 123456
    post foo test2.txt -H 'X-Object-Meta-Key:test,fts'
```

其中开关"-H"用于设置头部（Header）属性，头部属性需要遵守的格式为 X-Object-Meta-xxx，其中"xxx"是对象的属性名，用来创建或更新自定义元数据。

6）删除自定义属性。

注意：对象没有删除自定义属性的接口。

（4）临时 URL

临时 URL 允许用户临时访问对象。例如：Web 应用希望提供一个链接以下载存储系统中的大对象，但存储账户没有公共访问权限。Web 应用可以生成一个 URL，提供对对象的有时间限制的访问。当 Web 浏览器用户点击链接时，浏览器将直接从存储系统中下载对象，这样就不需要 Web 应用充当请求的代理，可以减轻 Web 服务器的负载。

临时 URL 的生成通过子命令"tempurl"来实现。

1）检查是否支持临时 URL。

首先需要检查存储系统是否支持生成临时 URL 的功能。

使用 GET 请求访问/info 路径即可：

```
curl http://172.16.10.10:9999/info
```

其输出内容是 JSON 格式，通过查看其中是否包含"tempurl"项来判断是否支持该功能。

也可以通过子命令"capabilities"查看当前系统是否具备支持临时 URL 的能力：

```
swift -A http://172.16.10.10:9999/auth/v1.0 -U foo:wys -K 123456
    capabilities
```

若其输出内容中包含"Additional middleware: tempurl"字样，即表明当前系统支持临时 URL 功能。

2）设置账户的密钥。

使用"post"子命令来设置账户的密钥：

```
swift -A http://172.16.10.10:9999/auth/v1.0 -U foo:wys -K 123456
    post -m 'Temp-URL-Key:foo'
```

Swift 系统允许为每个账户存储两个密钥值，每个容器也是两个。

3）生成临时 URL。

使用"tempurl"子命令来生成目标对象的临时 URL。

```
swift tempurl GET 3600 /v1/FOO_AUTH_foo/foo/test.txt foo
```

其中"GET"表示该 URL 支持的 HTTP 方法为 GET。

而 3600 则是访问的时效，单位为秒。

生成的临时 URL（片段）输出如下：

```
/v1/FOO_AUTH_foo/foo/test.txt
?temp_url_sig=fa32b329a6910251ada6f82f53973ef518a38063
&temp_url_expires=1583754239
```

而完整的临时 URL 格式如下：

```
<协议>://<代理服务器 IP>:<端口><临时 URL 片段>[&filename=<下载文件名>]
```

其中，下载文件名可选。

4）使用临时 URL 访问对象。

用浏览器访问完整的临时 URL：

```
http://172.16.10.10:9999/v1/FOO_AUTH_foo/foo/test.txt
?temp_url_sig=fa32b329a6910251ada6f82f53973ef518a38063
&temp_url_expires=1583754239
&filename=test.txt
```

有关临时 URL 的详细介绍，可参见官方文档网址是

https://docs.openstack.org/swift/latest/api/temporary_url_middleware.html。

（5）创建静态网站

对于公开可读的容器，为了便于对象内容的浏览，可以将其改造成一个静态网站。

1）检查是否支持静态网站。

通过子命令"capabilities"可以查看当前系统的能力：

```
swift -A http://172.16.10.10:9999/auth/v1.0 -U foo:wys -K 123456
     capabilities
```

若其输出内容中包含"Additional middleware: staticweb"字样，即表明当前系统支持创建静态网站。

2）使目标容器公开可读。

首先必须使容器公开可读。一旦容器是公开可读的，就可以直接访问其中的对象了，但是还必须设置索引文件来浏览主站点 URL 及其子目录。

使用子命令"post"来设置容器的访问控制列表：

```
swift post -r '.r:*,.rlistings' -A http://172.16.10.10:9999/auth/v1.0
-U foo:wys -K 123456 album-test
```

其中"-r"选项用于指定容器的读 ACL，除了".r:*"元素还必须设置".rlistings"，否则还是无法罗列容器和子目录（"伪目录"），会出现未经授权的错误（"Unauthorized"）。

添加设置".rlistings"元素后，容器中的对象才允许被罗列。但内容的输出形式为 XML，其内容如图 11-1 所示。

```
▼<container name="album-test">
  ▼<object>
    <name>bundle.data</name>
    <hash>d439f422a467959a43c941750ac8f077</hash>
    <bytes>3340979</bytes>
    <content_type>text/plain;charset=UTF-8</content_type>
    <last_modified>2020-02-11T05:31:49.666580</last_modified>
  </object>
  ▼<object>
    <name>fruit/李子.jpeg</name>
    <hash>d4115bd520290926be5a8235c35f65f8</hash>
    <bytes>93558</bytes>
    <content_type>image/jpeg</content_type>
    <last_modified>2020-02-11T05:31:49.973360</last_modified>
  </object>
  ▼<object>
    <name>fruit/杨桃.jpeg</name>
    <hash>5of6cb505d0a803aa070d14bd1626af7</hash>
```

图 11-1　容器中内容的罗列样式（XML）

图 11-1 中，XML 的呈现方式中没有链接，无法像网页那样通过链接访问子目录。

3）启用文件列表。

如果需要像网页那样展示容器中的内容，则还需要开启网页罗列开关：

```
swift post -m 'web-listings:true' -A http://172.16.10.10:9999/auth/v1.0
-U foo:wys -K 123456 album-test
```

开启之后，即可使用容器的 URL 访问目标容器。容器 URL 格式为：

```
<协议>://<代理服务器IP>:<端口>/v1/<账户名>/<目标容器>/
```

4）访问网站。

使用浏览器工具访问目标容器的 URL 如下：

```
http://172.16.10.10:9999/v1/FOO_AUTH_foo/album-test/
```

图 11-2 是容器"根目录"中内容的网页展示，而图 11-3 则是"子目录"的展示。

Listing of /v1/ _AUTH_ /album-test/

Name	Size	Date
fruit/		
bundle.data	3Mi	2020-02-11 05:31:49

图 11-2　容器根目录内容展示

Listing of /v1/ _AUTH_ /album-test/fruit/

Name	Size	Date
../		
李子.jpeg	91Ki	2020-02-11 05:31:49
杨桃.jpeg	111Ki	2020-02-11 05:31:50
杨梅.jpeg	139Ki	2020-02-11 05:31:50
枇杷.jpeg	96Ki	2020-02-11 05:31:50
枣子.jpeg	71Ki	2020-02-11 05:31:50
柚子.jpeg	75Ki	2020-02-11 05:31:50

图 11-3　容器中子目录内容展示

231

图 11-3 所示的页面是通过图 11-2 中的"子目录"的链接跳转过去的，如果点击图 11-3 中的链接，将展示图片对象。

5）其他（可选）。

为了使网页展示效果更美观，网站体验更友好，静态网站功能还允许用户指定主页和错误页，甚至是列表页的样式。用法如下。

① 设置主页。

```
swift post -m 'web-index:index.html' container
```

② 设置列表页的样式。

```
swift post -m 'web-listings-css:listings.css' container
```

③ 设置错误页。

```
swift post -m 'web-error:error.html' container
```

有关静态网站的详细介绍，可参见官方文档。网址是https://docs.openstack.org/swift/latest/api/static-website.html。

第12章 重要命令详解

本章主要列举本书中比较重要的命令，包括系统信息相关、磁盘相关、账户管理、软件安装、服务管理以及工具相关。

12.1 系统信息相关

书中的系统信息包括 CPU、内存、内核、进程和网络等。

12.1.1 查看 CPU 信息

以下命令在 CPU 信息中筛选并输出是否支持虚拟化的标识。

```
egrep -o '(vmx|svm)' /proc/cpuinfo
```

如果 CPU 信息中包含 "vmx" 或 "svm"，则会输出；否则无输出。

虽然 "cat" 命令也可以打印 CPU 信息，但它没有匹配功能，内容较多时查找会比较费劲。

```
cat /proc/cpuinfo
```

命令 "egrep" 可以说是 "cat" 命令的升级版，因为其具备内容匹配功能。

有关 "egrep" 的用法可参考 12.6 节。

12.1.2 查看内存占用情况

查看内存的占用情况，可以使用 "free" 命令：

```
free -h
```

其输出内容示例如下：

```
root@kvm-host:~# free -h
              total        used        free      shared  buff/cache   available
Mem:           7.7G        2.3G        3.1G         25M        2.3G        5.0G
Swap:          7.4G         90M        7.4G
```

其中"-h"参数表示显示可读（human-readable）的输出。

12.1.3 打印系统信息

使用命令"uname"可以查看内核信息：

```
uname -a
```

其输出内容示例如下：

```
root@os100:~# uname -a
Linux os100 4.4.0-131-generic #157-Ubuntu SMP Thu Jul 12 15:51:36 UTC
2018 x86_64 x86_64 x86_64 GNU/Linux
```

对于所输出的内容信息，可参见该命令的用法：

```
uname [选项]...
```

表 12-1 是"uname"命令的参数选项及说明。

表 12-1 "uname"命令的参数选项及说明

选　项	说　明
-a, --all⊖	按照以下的顺序打印所有信息
-s, --kernel-name	打印内核名称
-n, --nodename	打印网络节点主机名
-r, --kernel-release	打印内核发行信息
-v, --kernel-version	打印内核版本
-m, --machine	打印机器硬件名
-p, --processor	打印处理器类型
-i, --hardware-platform	打印硬件平台
-o, --operating-system	打印操作系统

12.1.4 显示进程信息

使用命令"ps"来查看 swift 用户相关的服务进程信息：

```
ps -u swift
```
该命令的用法如下：

```
ps [选项]
```

⊖ 这两种参数/选项的作用是等同的，下同。

"ps"命令的参数选项可分为五种类型，见表 12-2。

表 12-2　"ps"命令选项类型及说明

选　项	说　明
simple	简单类型，基本选项
list	列表类型，按列表选择
output	输出类型，用于控制输出格式
threads	线程类型，用于显示线程信息
misc	杂项类型，其他选项

示例中的"-u"选项属于列表类型，用于按用户 ID 来筛选符合条件的进程。

有关"ps"命令的更多参数，可使用"ps --help all"来获取帮助。

12.1.5　查看网络

在书中曾使用命令"ip"查看虚拟机 IP 地址，和"netstat"查看计算机网络的网关。

（1）查看 IP

查看主机 IP 地址的用法如下：

```
ip add|address⊖
```

其输出示例如下：

```
......
2: ens3: <BROADCAST,MULTICAST,UP,LOWER_UP> mtu 1500 qdisc pfifo_fast
state UP group default qlen 1000
        link/ether 52:54:00:ee:30:9f brd ff:ff:ff:ff:ff:ff
        inet 172.16.10.11/23 brd 172.16.10.255 scope global ens3
          valid_lft forever preferred_lft forever
        inet6 fe80::5054:ff:feee:309f/64 scope link
          valid_lft forever preferred_lft forever
```

其中"2:"是指网口编号（基于 1）；"ens3"指的是网口名。

"inet"后紧随的是 IP 地址，而"/23"中的 23 即为掩码。

23 表示对应 23 个 1（二进制，IP 255.255.255.255 由 32 个 1 组成），变成 IP 地址格式即 255.255.254.0；字样"brd"后面为广播地址（"broadcast"）。

"ip"命令的完整用法如下：

```
ip [ 选项 ] <对象> { 命令 | 帮助 }
```

⊖ 参数 add 和 address 的作用是相同的。

表 12-3 是"ip"命令中常用的对象及说明。

表 12-3 "ip"命令中常用的对象及说明

命　令	对　象
address	地址信息
route	路由信息

（2）查看路由

查看网络状态（网关信息）的用法如下：

```
netstat -r
```

其中选项"-r"用于指示查看路由表（"routing table"）信息。其输出示例如下：

```
Kernel IP routing table
Destination     Gateway         Genmask         Flags  MSS Window  irtt Iface
default         172.16.10.1     0.0.0.0         UG       0 0          0 ens3
172.16.10.0     *               255.255.254.0   U        0 0          0 ens3
```

其中网关栏（"Gateway"）对应的值即是网关。

12.2　磁盘相关

书中与磁盘相关的操作有：磁盘分区、格式化文件系统、挂载/卸载设备、扩展文件系统、查看文件系统、查看磁盘使用以及文件链接。

12.2.1　磁盘分区

磁盘分区工具的用法有两种：罗列分区表和更改分区表。

（1）罗列分区

罗列分区的用法如下：

```
fdisk [选项] -l [<磁盘>]
```

罗列分区的用法示例及输出如下：

```
root@u-templ:~# fdisk -l
Disk /dev/vda: 30 GiB, 32212254720 bytes, 62914560 sectors
Units: sectors of 1 * 512 = 512 bytes
Sector size (logical/physical): 512 bytes / 512 bytes
I/O size (minimum/optimal): 512 bytes / 512 bytes
```

```
Disklabel type: dos
Disk identifier: 0xeba59c0f

Device     Boot   Start        End   Sectors   Size Id  Type
/dev/vda1  *       2048     585727    583680   285M 83  Linux
/dev/vda2         587774   41940991 41353218  19.7G  5  Extended
/dev/vda5         587776    8398847   7811072  3.7G 82  Linux swap / Solaris
/dev/vda6        8400896   41940991 33540096   16G 83  Linux
```

上面的用法中没有指定磁盘，即表示罗列所有磁盘分区，等同于：

```
fdisk -l /dev/vda
```

（2）更改分区

更改分区的用法如下：

```
fdisk [选项] <磁盘>
```

用法示例如下：

```
fdisk /dev/vda
```

后续操作会通过键盘输入与用户进行交互，其中定义了一套命令类型，用来指示用户的操作目的。表 12-4 是磁盘分区工具常用的命令及说明。

表 12-4　磁盘分区工具常用的命令及说明

命　令	说　明
n	添加一个新分区（new）
d	删除（delete）一个分区
p	打印（print）分区表
l	罗列（list）已知的分区类型
t	改变分区类型（type）
F	列出可用的未分区空间（Free）
w	将分区表写入（write）到磁盘并退出
q	退出（quit）不保存

注意：对分区表的更改，最终需要通过"w"命令进行保存；否则所有的更改将被丢弃。

另外，对于需要纳入 LVM 机制的磁盘分区，分区类型需要修改为"Linux LVM"（8e）。

12.2.2　格式化文件系统

磁盘分区创建成功后，还需要进行格式化。

格式化之前需要明确目标文件格式，例如 ext4、xfs 等。

为了方便对不同文件系统的磁盘的格式化，Ubuntu 中提供了细分的格式化工具：

```
       mkfs.bfs        mkfs.cramfs    mkfs.ext3      mkfs.ext4dev   mkfs.minix
mkfs.ntfs    mkfs.xfs
       mkfs.btrfs      mkfs.ext2      mkfs.ext4      mkfs.fat       mkfs.msdos
mkfs.vfat
```

使用相应的工具格式化磁盘即可。

格式化 xfs 文件系统的用法如下：

```
     mkfs.xxx [选项] <目标磁盘>
```

如果对已经格式化的磁盘进行重复格式化，则会出错：

```
     root@u-templ:~# mkfs.xfs /dev/foovg/foolv
     mkfs.xfs: /dev/foovg/foolv appears to contain an existing filesystem (xfs).
     mkfs.xfs: Use the -f option to force overwrite.
```

提示需要添加参数"-f"来强制格式化。示例如下：

```
     mkfs.xfs -f /dev/foovg/foolv
```

注意：对象存储系统对文件系统的要求必须是 xfs。

此外，示例中所格式化的设备是逻辑卷（LV），并不是直接的物理设备。

有关逻辑卷（LV）的创建和管理，可参见第 10 章。

12.2.3 挂载/卸载设备

（1）挂载设备

设备初始化完毕，还需要进行挂载（mount），否则将得不到文件系统的"承认"。

而要进行挂载，则首先需要建立"挂载点"。而所谓的挂载点可以是文件系统中的任何一个目录。但一般会在"/mnt"目录中新建一个子目录作为挂载点。

挂载点准备就绪后，即可使用挂载命令将设备挂载到挂载点上去。使用示例如下：

```
     root@u-templ:~# mkdir /mnt/lvm
     root@u-templ:~# mount /dev/foovg/foolv /mnt/lvm
```

其中挂载命令"mount"的用法如下：

```
     mount -a [选项]
     mount [选项] <源> <目录（挂载点）>
```

表 12-5 是挂载工具所用的参数及说明。

表 12-5　挂载工具所用的参数及说明

参　数	说　明
-a, --all	将 "/etc/fstab" 中所有的条目进行挂载

在第 4 章中的用法是：

```
mount -a
```

表明将 "/etc/fstab" 中的条目进行挂载，而该文件中已经添加了所需的挂载设置：

```
/dev/foovg/foolv /mnt/lvm xfs noatime, nodiratime,logbus=8 0 0
```

（2）卸载设备

有挂载就有卸载。卸载命令 "umount" 的用法如下：

```
umount [选项] <源> | <目录（挂载点）>
```

使用示例如下：

```
root@u-templ:~# umount /dev/foovg/foolv
```

或

```
root@u-templ:~# umount /mnt/lvm
```

12.2.4　扩展文件系统

在第 10 章，逻辑卷（LV）扩容之后，不为文件系统所识别，直到执行了文件系统扩展命令 "xfs_growfs" 之后，所扩展的容量才得以 "刷新"。示例如下：

```
root@u-templ:~# xfs_growfs /mnt/lvm
meta-data=/dev/mapper/foovg-foolv isize=512        agcount=4, agsize=655360
blks
         =                        sectsz=512    attr=2, projid32bit=1
         =                        crc=1         finobt=1 spinodes=0
data     =                        bsize=4096    blocks=2621440, imaxpct=25
         =                        sunit=0       swidth=0 blks
naming   =version 2               bsize=4096    ascii-ci=0 ftype=1
log      =internal                bsize=4096    blocks=2560, version=2
         =                        sectsz=512    sunit=0 blks, lazy-count=1
realtime =none                    extsz=4096    blocks=0, rtextents=0
data blocks changed from 2621440 to 5241856
```

其中文件系统扩展命令"xfs_growfs"的用法如下：

```
xfs_growfs [选项] <源> | <目录（挂载点）>
```

和格式化文件系统的工具类似，不同文件系统使用不同的扩展工具。

对 ext4 格式的扩展使用"resize2fs"工具，其用法如下：

```
resize2fs [选项] <源> | <目录（挂载点）>
```

12.2.5 查看文件系统

使用"df"命令可以查看文件系统信息，示例如下：

```
root@u-templ:~# df -h
Filesystem               Size    Used    Avail    Use%    Mounted on
......
/dev/vda6                16G     1.7G    14G      12%     /
......
/dev/vda1                268M    59M     192M     24%     /boot
/dev/mapper/foovg-foolv  20G     33M     20G      1%      /mnt/lvm
......
```

该命令的完整用法如下：

```
df [选项]... [文件]...
```

表 12-6 是"df"命令常用的参数及说明。

表 12-6　"df"命令常用的参数及说明

参　数	说　明
-h, --human-readable	显示可读（human-readable）的输出
-t, --type=TYPE	罗列文件格式为指定格式的项，例如 xfs、ext4
-T, --print-type	打印文件系统类型

12.2.6 查看磁盘使用

为了查看对象存储服务器的数据分布情况，使用"du"命令查看存储目录。示例如下：

```
root@os100:/mnt/lvm# du -d 4 -h
408K    ./1/node/sdb1/containers
2.2G    ./1/node/sdb1/objects
```

```
44K ./1/node/sdb1/accounts
0   ./1/node/sdb1/tmp
16K ./1/node/sdb1/async_pending
2.2G    ./1/node/sdb1
2.2G    ./1/node
2.2G    ./1
60K ./2/node/sdb2/accounts
484K    ./2/node/sdb2/containers
6.3G    ./2/node/sdb2/objects
6.3G    ./2/node/sdb2
6.3G    ./2/node
6.3G    ./2
8.4G    .
```

其中"du"命令的用法如下：

```
du [选项]... [文件]...
```

表 12-7 是"du"命令所用的参数及说明。

表 12-7　"du"命令所用的参数及说明

参　数	说　明
-h, --human-readable	显示可读（human-readable）的输出
-d, --max-depth=N	目录级次的深度（depth）

12.2.7　文件链接

第 4 章中，在初始化存储设备结构时，用到了链接的机制，其目的是防止目标设备被卸载后，系统会将文件写入到根目录。使用示例如下：

```
mkdir /mnt/lvm/1 /mnt/lvm/2
……
mkdir /srv
for x in {1..2}; do ln -s /mnt/lvm/$x /srv/$x; done
mkdir -p /srv/1/node/sdb1 /srv/2/node/sdb2 /var/run/swift
```

其中"ln"命令（link）的用法如下：

```
ln [选项] [源文件/目录]... 目标文件/目录
```

如果不指定源文件/目录，则默认为当前目录。

表 12-8 是"ln"命令所用的参数及说明。

表 12-8 "ln" 命令所用的参数及说明

参　数	说　明
-s, --symbolic	创建符号链接（软链接）而不是硬链接（默认为硬链接）

示例中使用的是符号链接（所谓的软链接），其优势在于：

● 可以跨文件系统，而硬链接不可以。

● 可以对目录进行链接，而硬链接不可以。

所以，使用软链接非常适合示例中的场景。

示例中，源目录为"/mnt/lvm"中的两个节点目录，而目标目录则为"/srv"中的两个目录。目标目录与源目录之间的关系，可见参见以下对比：

```
root@os100:~# ls /srv
1 2
root@os100:~# ls /mnt/lvm
1 2
root@os100:~# du -d 1 -h /mnt/lvm
2.2G    /mnt/lvm/1
6.3G    /mnt/lvm/2
8.4G    /mnt/lvm
root@os100:~# du -d 1 -h /srv
4.0K    /srv
```

通过对比可知，目录"/srv"中目录结构和"/mnt/lvm"似乎是相同的，但是目录"/srv"不占存储空间（"du"命令输出），数据实际还是保存在目录"/mnt/lvm"中。

目标目录是虚的，是源目录的"替身"：往目标目录中写数据，实际上是写到了源目录；向源目录写入数据，在目标目录中也可以看到。

所以，"ln"命令的功能是建立一种指向关系，类似于 Windows 系统中的快捷方式。

此外，示例中"mkdir"命令的"-p"参数的目的是递归地创建目录结构。

12.3　账户管理

在第 4 章，由于 Swift 系统不允许 root 账户编译开发安装环境，所以额外新建了一个"swift"的用户，用来编译 Swift 代码的开发安装环境。其示例如下：

```
useradd swift -m
passwd swift
usermod -a -G sudo swift
```

示例中的三个命令分别用于新增账户、修改账户密码和修改账户设置。

12.3.1 新增账户

"useradd" 命令的用法如下：

```
useradd [选项] <账户名>
```

表 12-9 是 "useradd" 命令所用的参数及说明。

表 12-9 "useradd" 命令所用的参数及说明

参　数	说　明
-m, --create-home	（创建账户的同时）创建用户目录

12.3.2 修改账户密码

"passwd" 命令的用法如下：

```
passwd [选项] [账户名]
```

如果不指明账户名，则表示更改当前账户的密码。
第 4 章中，在安装模板虚拟机的环节，有修改 root 账户的密码的操作。示例如下：

```
sudo passwd root
```

以上示例是普通用户修改 root 账户的密码的示例。

12.3.3 修改账户设置

"usermod" 命令的用法如下：

```
usermod [选项] <账户>
```

表 12-10 是 "usermod" 命令所用的参数及说明。

表 12-10 "usermod" 命令所用的参数及说明

参　数	说　明
-G, --groups GROUPS	修改账户所属的附加群组
-a, --append	（并）添加到账号到附加群组中

示例中，将 swift 账户添加到 "sudo" 附加群组中，以便其可以获取超级管理员权限。

12.4 软件安装

本书中涉及软件安装的内容包括安装工具本身和修改（软件包的）更新源。

12.4.1 软件包安装工具

书中多次用到了"apt-get install"命令，用来安装软件包。示例如下：

```
apt-get install iostat
```

其中"install"是"apt-get"命令的子命令。

表 12-11 是"apt-get"命令常用的子命令及说明。

表 12-11 "apt-get"命令常用的子命令及说明

子命令	说　明
update	更新安装包列表，例如：更新到新版本、移除废弃的组件
upgrade	执行升级，检查有无新版，如有则进行安装提示
install	安装软件包
remove	卸载软件包
purge	卸载软件包并配置文件
clean	删除下载的存档文件
check	检查依赖项
changelog	下载并显式指定包的更改日志

其中"install"和"update"子命令使用的场合较多。

一般地，为了提高安装效率，需要修改软件包的更新源。

12.4.2 修改更新源

修改更新源是将 Ubuntu 系统默认的更新源（国外的）修改为国内的镜像站点，以便虚拟机在安装软件包时提高下载效率。

通过修改源文件（"/etc/apt/sources.list"），将其中的主机名（host）部分修改为国内的镜像站点。

本书选择的是清华大学的镜像站点，修改示例如代码 12-1 所示。

代码 12-1　软件包（安装）源配置文件：/etc/apt/sources.list

```
1  deb http://mirrors.tuna.tsinghua.edu.cn/ubuntu/ xenial main restricted
2  ……
```

```
3  deb http://mirrors.tuna.tsinghua.edu.cn/ubuntu/ xenial universe
4  ......
```

修改完成，还需更新软件包列表：

```
apt-get update
```

12.5　服务管理

第 4 章中，在网络配置、SSH 服务设置以及 Swift 系统依赖服务设置等环节，涉及服务的管理，主要包括开通、启动、重启和停止服务。

其中涉及服务管理的方式有三种。

1）systemctl 命令，在重启同步服务、日志服务中用到。

2）service 命令，在重启同步服务、日志服务中用到。

3）/etc/init.d/xxx（xxx 为服务组件），在重启 SSH 服务中用到。

其中 2）和 3）的机制是相同的，都是通过运行 SystemV 初始化脚本。而且 3）是最早期的服务管理方式，而 2）算得上是 3）的升级版本。而方式 1）是当前最新方式，Ubuntu 系统建议使用该方式进行服务的管理。

12.5.1　systemctl 命令方式

"systemctl" 命令用于查询或向 systemd 管理器发送控制命令。用法如下：

```
systemctl <子命令> <服务组件>
```

表 12-12 是 "systemctl" 命令常用子命令及说明。

表 12-12　"systemctl" 命令常用子命令及说明

子命令	说　明
enable	启用服务
start	启动服务
stop	停止服务
restart	重启服务
list-units	列举服务单元，可以按类型和状态筛选

"systemctl" 所引用的服务组件位于目录 "/lib/systemd/system/" 中。

12.5.2　service 命令方式

"service" 命令用于运行一个 SystemV 初始化脚本。用法如下：

```
service <服务组件> <子命令>
```

表 12-13 是"service"命令常用子命令及说明。

表 12-13 "service"命令常用子命令及说明

子命令	说　明
enable	启用服务
start	启动服务
stop	停止服务
restart	重启服务
reload	重载服务脚本
--status-all	列举服务单元,可以按类型和状态筛选

"service"命令所执行的 SystemV 初始化脚本位于目录"/etc/init.d"中。

12.5.3 /etc/init.d/xxx 方式

"/etc/init.d/xxx"命令用于运行指定 SystemV 初始化脚本。用法如下:

```
/etc/init.d/<服务组件> <子命令>
```

该方式与"service"命令机制相同。

12.6 工具相关

本书中用到的较为重要的工具有:流编辑器、文本搜索、参数传送、文档打包/提取以及远程复制工具。

12.6.1 流编辑器——sed

"sed"命令的使用示例如下:

```
sudo cp $HOME/swift/doc/saio/rsyncd.conf /etc/
sudo sed -i "s/<your-user-name>/${USER}/" /etc/rsyncd.conf
```

在示例中,"sed"命令用于将配置文件"rsyncd.conf"中的"<your-user-name>"字符串用当前用户名("${USER}")来替换。

"sed"是一种非交互式的流编辑器,可动态编辑文件。其用法如下:

```
sed [选项]... {表达式} [输入文件]...
```

示例中的"-i"选项表示将进行文件内容的替换。示例中表达式的格式是：

```
s/正则表达式/用于填充的字符串/
```

即用"\${USER}"（用户名参数）替换文件中的"<your-user-name>"标记。

有关"sed"命令的详细用法可参见 http://www.gnu.org/software/sed/。

12.6.2　文本搜索——egrep

"egrep"命令的使用示例如下：

```
egrep -o '(vmx|svm)' /proc/cpuinfo
```

在示例中，"egrep"命令把文件"cpuinfo"中含"vmx"或"svm"字样的内容输出。

"egrep"是"grep"的"定制版"。"grep"用于在输入文件中搜索包含与指定模式匹配的行。其用法如下：

```
grep [选项]... 模式 [文件]...
```

而"egrep"是"模式"参数支持正则表达式的"grep"。

"-o"选项的意思是仅（"only"）按行中的部分文本匹配，而不是按整行匹配。

所以示例中，只会输出"vmx"或"svm"内容。按行匹配的示例如下：

```
user01@os-saio:~$ egrep '(^work)' /etc/swift/proxy-server.conf
workers = 2
```

有关"grep"的详细用法参见 http://www.gnu.org/software/grep/。

12.6.3　参数传送——xargs

"xargs"及"find"命令的使用示例如下：

```
find /etc/swift/ -name \*.conf
                | xargs sudo sed -i "s/<your-user-name>/${USER}/"
```

其中"xargs"用来实现类似管道的传递参数的作用，而"find"命令用于查找文件。

结合"sed"命令的用法，可知示例中的操作：按条件查找文件，并逐一替换文件内容。

"find"命令用于在目录结构中查找文件，其用法如下：

```
find [选项] [路径...] [表达式]
```

示例中"-name"选项用于指示文件名的模式。

"xargs"命令用于从输入中读取参数来运行命令。其用法如下：

```
xargs [选项]... 命令 [初始化参数]...
```

"xargs"通过参数可以将读取到的内容进行格式化，再传递给目标命令。

12.6.4 文档打包/提取——tar

"tar"命令的使用示例如下：

```
cd /etc/swift
tar -cvf rings-1231.tar *.builder *.ring.gz
```

和

```
cd /etc/swift
tar -xvf rings-1231.tar
```

第一个示例中的"tar"命令用于将环定义文件打包成 tar 文档，第二个示例中则是提取 tar 文档中的文件。

"tar"命令的用法如下：

```
tar [选项...] [文件]...
```

表 12-14 是"tar"命令的常用选项及说明。

表 12-14 "tar"命令的常用选项及说明

选 项	说 明
-c, --create	创建新的文档
-x, --extract, --get	从文档中抽取文件
-v, --verbose	详细列出已处理的文件
-f, --file=ARCHIVE	使用存档文件或设备存档

12.6.5 基于 SSH 的远程复制——scp

"scp"命令的使用示例如下：

```
cd /etc/swift
tar -cvf rings-1231.tar *.builder *.ring.gz
scp rings-1231.tar swift@172.16.10.20:/etc/swift/rings-1231.tar
```

示例中"scp"命令用于将环定义文件分发到集群中的其他服务。

"scp"是"secure copy"的缩写，用于远程复制文件。其用法如下：

scp［选项］［[用户名@]主机 1:]文件 1 ... ［[用户@]主机 2:]文件 2

"scp"通过 ssh 登录来进行安全的远程文件复制。

只需输入目标主机中对应的账户的口令，即可将文件复制到目标主机中。示例如下：

```
root@os100:/# scp rings-1231.tar root@172.16.10.20:/rings-1231.tar
root@172.16.10.20's password:
rings-1231.tar                          100%   30KB  30.0KB/s   00:00
```